LOS GATOS DE CONSORTIUM67

Zane Swanson

Tabla de contenidos

Prólogo ii

Capítulo 1: Currículum Vitae de Niemand 7

Capítulo 2: Sobre el Consorcio67 25

Capítulo 3: Viaje del Consorcio67 a la Luna terrestre 44

Capítulo 4: Aterrizajes en la Tierra 59

Capítulo 5: Fin de semana en la Luna 74

Capítulo 6: Regreso al planeta Tierra 87

Capítulo 7: Aterrizaje de DC en la Casa Blanca 97

Capítulo 8: Tienda veterinaria 108

Capítulo 9: Comunicación del Consorcio67 118

Capítulo 10: Los gatos regresan a la Casa Blanca 125

Capítulo 11: De vuelta a la base lunar 133

Capítulo 12: Reunión de seguimiento y contacto 142

Capítulo 13: Reunión en la Casa Blanca 153

Capítulo 14: Reunión de Camp David 161

Capítulo 15: Voluntarios de EE.UU. 172

Capítulo 16: Campamento David 184

Capítulo 17: Viaje a un planeta subyugado 191

Capítulo 18: El planeta feo 206

Capítulo 19: Viaje de regreso y regreso a la Tierra 217

Capítulo 20: Encuentros con la Tierra 232

Capítulo 21: Regreso al Consorcio67 248

Epílogo 260

Gracias a mi esposa, Jane Hawes, que me proporcionó una maravillosa inspiración e hizo una excelente corrección.

Prólogo

SEn un futuro cercano, en otra galaxia muy lejana, existe un planeta, el Consorcio67 (los extraterrestres lo llaman "Génesis"). Génesis no es tan diferente físicamente de la Tierra porque está en la zona de Ricitos de Oro. El Consorcio67 está a una distancia similar a la de la Tierra. Hay océanos y continentes. Si bien la Tierra y el Génesis son similares en varios aspectos físicos, la distancia a su sol ha causado una cubierta de denso follaje selvático. Así, las entidades del Consorcio67 han evolucionado hasta convertirse en seres físicos lagarto con ojos rojos, que son muy sensibles a la luz. Tienen pieles verdes, que les ayudan a mezclarse con el follaje verde de su planeta y son carnívoros. Además, la civilización del Consorcio67 se ha estado desarrollando durante mucho más tiempo y de manera diferente a la Tierra. Tienen viajes interestelares. Las entidades del Consorcio67 crearon tecnología que les permitió convertirse en cambiaformas. Según sea necesario, las entidades del Consorcio67 podrían parecerse a seres de diferentes mundos. Su cambio de forma les ha permitido obtener información de los viajes interestelares porque los seres de otros mundos los aceptarían e intercambiarían información libremente con ellos. Entre otras cosas, este atributo permitió que la cultura del Consorcio67 avanzara científicamente y que sus seres vivieran hasta los mil años.

Lamentablemente, las interacciones previas de Consortium67 no siempre han ido bien con alienígenas de diferentes sistemas estelares. A lo largo de los años, ha habido varias guerras interestelares destructivas con otros alienígenas a un costo significativo para el Consorcio vencedor67. Actualmente se está llevando a cabo una costosa guerra con los seres del Mundo del Pantano en el planeta Rivin, que está paralizado, y requiere la mayor parte de la fuerza espacial del Consorcio 67. No es que el Consorcio67 no haya intentado hacer las paces con el Mundo del Pantano. Tres misiones diplomáticas fueron enviadas al mundo natal del Mundo del Pantano, transmitiendo el deseo de reunirse en un lugar neutral para hacer un tratado de paz. Cada uno de los barcos del Consorcio67 fue destruido. La respuesta de Mundo del Pantano fue: "No hay negociación. Debemos tener el control absoluto de lo que queramos".

Por lo tanto, con recursos limitados, el Consorcio67 siempre está atento a otros conflictos potenciales futuros y al impacto negativo de Swamp World en su universo. Por lo tanto, se formó una unidad gubernamental del Consorcio67 llamada "Grupo de Monitoreo Interestelar" (IMG), y revisa las actividades de civilización de otros sistemas estelares en busca de posibles desarrollos. Además de las actividades de monitoreo, el IMG puede entablar relaciones diplomáticas y/o actuar de manera encubierta para influir en las culturas de los países en desarrollo. El universo es un lugar grande. Debido a los costos y a una perspectiva moral, la política general del Consorcio67 hacia el desarrollo de sistemas estelares es dejarlos avanzar en sus propios términos. Solo cuando un sistema tiene viajes interestelares, el Consorcio67 intentaría hacer contacto con un planeta.

Recientemente, la Tierra ha llamado la atención de la IMG. Para que la Tierra apareciera en la pantalla del radar, un punto de inflexión clave ocurrió cuando los vehículos terrestres se lanzaron al espacio con pasajeros humanos y aterrizaron en su luna. Este tipo de actividad atrae el interés de todos los alienígenas del universo. En particular, IMG, utilizando sus sofisticados dispositivos interestelares, descubre que la Tierra puede estar recibiendo visitas de objetos voladores no identificados (OVNIs) de un origen alienígena aún diferente. Un escaneo rutinario de energía electromagnética indica que el planeta Tierra ha estado teniendo una actividad galáctica potencial, lo que genera preocupaciones de que el IMG debería investigar. El Consorcio67 no quiere que la Tierra esté sujeta a otra alianza o a una toma de control de otra cultura alienígena porque podría crear un enemigo más dominante, que desafiaría al Consorcio67. El Consorcio67 también tiene otras preocupaciones: específicamente, hay preguntas sobre si es probable que la gente de la Tierra comience a corto plazo un viaje espacial interestelar serio, y si tal actividad sería amistosa o no.

Como parte de sus patrullas rutinarias de IMG, visitan periódicamente el sistema solar de la Tierra. Debido a la evidencia de un creciente interés en el planeta Tierra, el IMG decidió intensificar la recopilación de inteligencia sobre la Tierra. Por lo tanto, se colocó un satélite en una órbita cercana a la Tierra con un escudo de camuflaje, que los sistemas terrestres no notarían a menos que algo chocara accidentalmente con él. Por lo tanto, el satélite IMG puede recopilar noticias y datos de Internet con fines de recopilación de inteligencia. El satélite está equipado con instrumentos de monitoreo que están en busca de otros visitantes extraterrestres. El contacto periódico se mantiene a través de comunicaciones interestelares por satélite con una base en el Consorcio67.

La sede del Consorcio67 IMG califica las condiciones actuales como apropiadas para un esfuerzo en profundidad para examinar la situación sobre el terreno en el planeta Tierra. El IMG considera los medios para encontrar respuestas sin arriesgarse al contacto y a la exposición del Consorcio67. En concreto, los agentes del IMG se plantean si pueden aprovechar las relaciones que han observado entre los humanos y otras especies. En particular, las mascotas son muy populares entre los humanos en la Tierra. En la actualidad, el IMG está trabajando para diseñar animales (por ejemplo, gatos) y plantar algunos de los aspectos de los miembros de su Consorcio67 en las mascotas con el fin de utilizar el compañerismo entre especies entre humanos de la Tierra para sus fines de investigación. Por lo tanto, IMG puede ser capaz de hacer mejores observaciones útiles para su recopilación de información sin exponerse a sí mismos como alienígenas del Consorcio67. Por lo tanto, el IMG está desarrollando actualmente especificaciones de diseño para un dispositivo informático orgánico que podría ser conectado con animales terrestres con el fin de lograr objetivos de espionaje. Al no haber hecho nunca algo así, IMG se adentrará en un territorio técnico y ético desconocido, lo que podría tener consecuencias potenciales, incluida la guerra interestelar.

Capítulo 1:Currículum Vitae de Niemand

"Llamo a los dioses como testigos".

Timón de Atenas: William Shakespeare

Introducción

Un Con muchos puntos de inflexión en el desarrollo de una civilización, un individuo puede marcar la diferencia. Niemand es uno de esos individuos que se encuentra en la cúspide del desarrollo de su cultura. En la actualidad, Niemand está elaborando su currículum vitae (CV) para un puesto vacante en el gobierno de Consortium67. Había dejado la fuerza espacial militar después de cinco años como capitán porque se sentía aburrido de estar atado a un trabajo de escritorio sin futuro. Niemand había estado haciendo un trabajo de empuje de papel durante los últimos dos años en la base de operaciones del planeta Consortium67. Fue transferido al cuartel general militar desde una posición de primera línea después de que terminara una de las guerras interestelares más recientes.

El trabajo del gobierno está en el "Grupo de Monitoreo Interestelar" (IMG), que es una entidad independiente. El IMG monitorea y vigila la actividad interestelar. El IMG fue creado para cortar los problemas antes de que se conviertan en catástrofes como lo hizo el Consorcio67 en varias guerras interestelares anteriores y está luchando contra el Mundo del Pantano en el planeta Rivin. El IMG está organizado por sistemas estelares. En este momento, hay una vacante de IMG para un gerente de investigación/monitoreo para la galaxia de la Vía Láctea, incluido el planeta Tierra.

A Niemand le gustaban sus experiencias fuera del planeta. Por lo tanto, quiere tener una ocupación profesional que esté involucrada en la actividad interestelar. Y así, Niemand redacta la siguiente carta de solicitud de empleo de IMG.

RE: Puesto de Oficial de Investigación de Planetas Interestelares IMG

Estimados señores:

Quiero postularme para el puesto vacante de gerente de investigación para la Vía Láctea en el IMG con respecto a planetas como la Tierra, que pueden estar en riesgo por nuestros enemigos potenciales. Creo que tengo lo que se necesita para hacer el trabajo, y estoy disponible de inmediato. A continuación, mi currículum. Por favor, siéntase libre de revisar mis registros de empleo militar anteriores en Planet Consortium67.

Saludos

Ralph Nadie

Envía la carta de solicitud como correo electrónico a IMG con un archivo adjunto de sus siguientes experiencias.

"Por cierto, noté tu placa con tu nombre en la puerta. ¿Estás conectado con alguien en Galaxy Productions, donde trabajé? —pregunta Niemand.

"Sí, mi tío Harry fue el fundador y es el director de operaciones", responde Wanda. "Esto demuestra cómo Consortium67 es un planeta muy unido de conexiones familiares. Ahora, pasemos a la entrevista. Hago visitas in situ a IMG y he estado en 5 planetas del universo. Una de las funciones de IMG es investigar los planetas cuando comienzan a hacer viajes espaciales. Queremos minimizar la posibilidad de que uno de nuestros enemigos aumente su fuerza aprovechándose de una nación emergente que va al espacio. Por lo tanto, queremos monitorear a los nuevos participantes en la actividad interestelar en busca de posibles problemas y oportunidades".

En este punto, Wanda le pregunta a Niemand: "¿Tiene sentido esta actividad? ¿Te sientes cómodo participando en este tipo de actividad?

Niemand responde positivamente: "Sí, entiendo su misión y estoy motivado para participar".

"Ok, déjame contarte sobre las misiones interestelares al planeta Tierra. Durante una patrulla de rutina, IMG decidió rastrear sus actividades espaciales. En esc momento, varios países estaban lanzando sondas espaciales, incluidos vehículos tripulados. El planeta es relativamente abierto sobre la existencia de satélites de numerosas naciones y la creación de estaciones espaciales tripuladas. Lo que hicimos fue establecer un

dispositivo satelital de comunicación furtivo para transmitir información a través de la red de IMG a nuestra sede".

"Con el fin de aumentar aún más nuestra recopilación de inteligencia en una visita posterior", agrega Wanda, "otro agente de IMG y yo establecimos una base de espionaje en tierra en una parte remota del oeste de los Estados Unidos. Recogí la basura de los restaurantes en busca de restos humanos. Utilizamos los restos para muestras de ADN como vehículo de laboratorio para crear copias de varios seres humanos. Y luego establecerlos como una base terrestre, incluida la documentación de identificación. Financiamos los clones con gemas semipreciosas y algunas pepitas de oro. Los clones operan una pequeña granja para alimentarse y dan la apariencia de ganarse la vida con la prospección mientras usan el material que les proporcionamos. Se han mezclado bien con el medio ambiente al parecer que extraen las piedras mientras mantienen su distancia social de los nativos. Los clones transmiten información a nuestro satélite terrestre, que luego se envía al IMG en el Consorcio67. Recibimos informes mensuales bastante buenos de los clones sobre ovnis, actividad espacial y política doméstica".

Niemand levanta la mano y pregunta: "¿Estaría monitoreando los detalles de la actividad de inteligencia de un planeta como la Tierra o supervisándote a ti?"

Wanda hace una pausa: "Tú serías mi supervisora. Solo si la situación requiere una operación sofisticada estarías en un planeta dirigiendo un equipo".

Luego, bajando la voz, Wanda habla muy seria: "El siguiente punto es crítico. IMG requerirá cambios de forma en misiones interestelares a planetas donde los nativos nunca nos han conocido y podrían entrar en pánico al vernos. Somos bípedos, usamos ambos brazos de manera efectiva y, por lo general, medimos alrededor de seis pies de altura. Muchas de las criaturas alrededor del universo son similares en este sentido. La característica que perturba las situaciones de primer contacto es que somos verdes y parecemos depredadores porque evolucionamos a partir de orígenes de lagartos agresivos. Mis colmillos no te molestan mirarlos, sin embargo, un nativo de la Tierra probablemente se aterrorizará al pensar que somos monstruos aterradores. Para abordar esta preocupación, Consortium67 ha desarrollado un dispositivo de cambio de forma que se coloca en la superficie de la costilla de la aleta lumbar y se conecta a través de la médula espinal".

"Toma, déjame mostrarte", dice Wanda mientras toma un dispositivo en un cinturón y se lo coloca en la cintura. Wanda toca un botón de control y se transforma en una mujer humana de la Tierra. Su forma cambiada es consistente con el uniforme IMG, que se ajusta apropiadamente. "Tenga en cuenta que incluso los tres dedos de mi forma cambian de forma a los cinco dedos que tienen los humanos". Después de un minuto de modelar poses para Niemand, vuelve a su forma original.

Wanda explica además: "Dependiendo de la misión, IMG necesitará que cambies de forma a una forma similar a la de los seres de ese planeta. Por ejemplo, ahora puedes hacerte una idea de cómo introduje los clones en el planeta Tierra. Así que, suponiendo que me lo permitas, te pondré el dispositivo de cambio de forma. ¿Estás de acuerdo en probarlo?" —pregunta Wanda.

Niemand parece un poco sorprendido porque nunca antes había oído hablar de algo como el cambio de forma. Lo piensa y concluye que hay buenas razones para mezclarse con nativos de otros planetas cuando no han tenido contacto previo. "Ok, estoy listo para intentarlo", anuncia.

Wanda coloca el cinturón y coloca el dispositivo en la aleta de su espalda. Activa el dispositivo.

"Nunca me había sentido así antes. Me hormiguea la piel", exclama Niemand.

Wanda lo dirige a un espejo en la parte posterior de la puerta de un armario. Efectivamente, Niemand parece un individuo de mediana edad, lo que supone que es representativo de un terrícola.

Wanda le dice que apague el dispositivo, y él vuelve a su estado normal de Consortium67. Entonces Wanda se lo quita. Sonriendo, dice: "¡Niemand, felicidades! Se aprueba con gran éxito. El juego de palabras es intencionado. Te parecías a cualquier terrícola normal que haya visto.

Señala el pasillo y dice: "A continuación, te llevaré a la oficina del director Sybart". Llegan a su puerta y Wanda emite un zumbido en la placa de la calle.

Sybart responde al altavoz: "¿Quién está ahí?"

"Soy yo, Wanda. Tengo a nuestro futuro empleado Niemand conmigo".

Sybart abre y abre su puerta.

Wanda le dice a Niemand: "Fue un placer hablar contigo y espero que tengas un buen día". Luego regresa a su oficina.

Niemand entra en la oficina de Sybart y dice: "Me alegro de conocerte".

Niemand reconoce el nombre de Sybart según los comunicados de prensa. Sybart ha sido líder de IMG durante 20 años, con un servicio previo altamente condecorado en el ejército del Consorcio67. Es un comandante franco que hace las cosas de manera eficiente y efectiva, según informes de prensa. Su despacho es espectacular con ventanales que dan una fantástica panorámica de la ciudad de Excelsior. El efecto transmite una gran autoridad a Sybart. Las paredes de su oficina están adornadas con imágenes de otros planetas y varios elogios públicos de otros funcionarios del gobierno.

Sybart se levanta de su escritorio y camina hacia Niemand, donde se dan la mano. Niemand nota el agarre firme y que Sybart apenas aparenta su edad reportada con su uniforme marrón de IMG.

"Por favor, siéntate", dice Sybart mientras le hace señas a Niemand para que se acerque al escritorio junto a la ventana.

Ambos ocupan sillas de oficina. El paisaje desde la ventana del rascacielos es tan abrumador que Niemand deja caer la mandíbula, pero se recupera rápidamente.

"¿Cómo estás hoy? ¿Salió bien tu solicitud de presentación?", pregunta Sybart.

"Estoy bien, ¿y tú cómo estás? Wanda fue muy informativa y mi cambio de forma salió bien".

"Eso es bueno..." Comentarios de Sybart. Luego procede con una pregunta: "Cuéntame sobre tu experiencia militar en la última guerra interestelar con cyborgs en el Planeta 500. ¿Cuáles son los aspectos que te distinguen?

Niemand relata su acción: "Como recordarán, el Consorcio 67 estaba teniendo un conflicto difícil con los cyborgs en el Planeta 500. La guerra había llegado a un punto muerto en la línea de trincheras en todo el continente. Estaba en la 83ª división del ejército espacial. Me nombraron subteniente después de graduarme con mi maestría en negocios de la Universidad Consortium67, donde estaba en el cuerpo de entrenamiento de oficiales de reserva. Estaba a cargo de un pelotón de reconocimiento del ejército espacial. Nos dejaron con un batallón de guardabosques en el Valle de la Niebla Púrpura detrás de las líneas en el Planeta 500. El lugar de aterrizaje estaba a un par de colinas de la ciudad capital de Largis.

En un intento de interpretar las habilidades de mando de Niemand, Sybart interviene: "¿Cuál era el propósito de tu misión?"

"Bueno, la unidad tenía la tarea de atacar el cuartel general militar en Largis y destruir la red de comunicación planetaria de los cyborgs. Estas instalaciones estaban enterradas en las profundidades del subsuelo y no podían ser alcanzadas con bombardeos aéreos..." Niemand se detiene un momento.

"Continúe", dice Sybart.

Niemand continúa: "El aterrizaje nocturno fue generalmente exitoso, excepto por el último transbordador de la fuerza de desembarco, que se estrelló después de ser alcanzado por un misil Cyborg. El comandante y los otros líderes del batallón estaban a bordo de la lanzadera y murieron. Esa catástrofe me dejó como el oficial de mayor rango a cargo". Niemand se toma un momento para recordar un momento difícil para él.

Sybart retoma la pausa: "¿Cuáles eran tus pensamientos entonces y cómo procediste?"

"Estaba horrorizado de que me pusieran en una situación de crisis y luego me calmé invocando mi entrenamiento", recuerda Niemand, "reuní a los líderes de tropa restantes. Les conté la situación y esbocé un plan de ataque en un mapa. El plan era relativamente simple. Organicé las tropas en tres columnas para atacar el cuartel general desde diferentes lados simultáneamente a mis órdenes".

Niemand relata el asalto: "Aprovechamos el terreno para ocultarlo hasta las proximidades del cuartel general enemigo. A mi silbato, cargamos contra el edificio y sorprendimos a los guardias. Destruimos el equipo de comunicación en el primer piso. A continuación, con un escuadrón, ataqué la sala de control subterránea con una serie de maniobras de salto. Irrumpimos en la sala de control mientras disparábamos a todo su personal. Escaneé el mapa que mostraba todas sus unidades y posiciones. Luego, volamos todo el equipo de la sala de control".

Niemand remata: "Subimos las escaleras. Me comuniqué con nuestras tropas en todo el planeta, diciéndoles las posiciones de las unidades enemigas. Al escuchar mi informe de inteligencia, nuestro oficial al mando ordenó un ataque que rompió sus líneas y puso fin a la guerra".

Expresando un momento de agradecimiento, Sybart comenta: "Fue un compromiso impresionante".

Sybart continúa: "El puesto vacante actual de IMG tiene responsabilidades de rastrear las comunicaciones

y mantener puestos de espionaje en planetas de la galaxia de la Vía Láctea que están potencialmente en riesgo de subyugación por parte de nuestros enemigos. Actualmente, estamos monitoreando el tráfico de comunicaciones y las visitas sospechosas a varios planetas. ¿Crees que puedes manejar equipos de respuesta en toda esa galaxia?"

"Sí", responde Niemand, "mi experiencia cubriendo varios planetas simultáneamente habla por sí misma. Y encuentro este tipo de trabajo estimulante".

"Sí, la motivación es importante. Además, tus referencias piensan que tienes buenas cualidades. Con esto concluye nuestra entrevista. Puedes irte ahora".

El hogar y la familia de Niemand

Niemand regresa a la casa de sus padres en un suburbio de Excelsior. Su madre, Jessica, lo recibe en la puerta. "¿Cómo fue la entrevista? ¿Te gustaría trabajar allí?", pregunta.

"Creo que la entrevista salió bien, y sí, me gustaría trabajar en el IMG".

Poco después, Niemand recibe una oferta de empleo de la IMG. Empezará al día siguiente. Emocionado, anuncia a sus padres: "¡Es hora de una cena de celebración! Salgamos a la ciudad conmigo. Compraremos ropa elegante e iremos a un restaurante de cinco estrellas". Saltando por el pasillo, Niemand va a abrazar a sus padres.

Es genial que Niemand haya encontrado un trabajo, piensa la madre de Niemand. *Se ha sentido miserable simplemente deprimido por la casa.*

Niemand y sus padres van a un restaurante de cinco estrellas llamado Astro Gourmet. Mientras reciben una comida de siete platos, el padre de Niemand, Harold, dice: "Déjame felicitarte por el nuevo trabajo. También comentaré que usted es un hombre del Consorcio67 de buen aspecto de 6 pies de altura y bien proporcionado. ¿Debes haber estado haciendo ejercicio en el gimnasio?"

Niemand se sonroja un poco más de verde de lo normal. Le sonríe a su padre: "Sí, papá, he estado haciendo ejercicio recientemente. Sabes, estuve físicamente activo a lo largo de los años, durante la escuela y practicando deportes intramuros".

Jessica luego pregunta: "¿Tienes un amor?

"Nadie en este momento", responde Niemand, "sabes cómo es en Consortium67 donde las relaciones tardan un tiempo en formularse, y no he estado en un solo lugar durante mucho tiempo desde la escuela secundaria. Tal vez encuentre el socio adecuado aquí en nuestra ciudad capital. Como sabes, hay millones de mujeres aquí en la ciudad".

"Podría presentarte a una de las hijas de nuestro nuevo vecino", sugiere Jessica. "Después de todo, eres un hombre atractivo".

Niemand corta la conversación con: "Me gusta tomar mis propias decisiones personales. Si encuentro a alguien, serás uno de los primeros en saberlo. Seguramente la llevaría a la casa. Ahora, continuemos con la cena". Cambiando de tema, Niemand pregunta: "¿Cómo los está tratando la jubilación a los dos?"

Su padre responde: "Nunca he tenido un mejor año. Incluso mis puntuaciones deportivas han subido".

Su madre continúa con sus pensamientos sobre la jubilación: "Nuestra última casa es agradable para vivir, y tengo un par de organizaciones sociales a las que me he unido que van bien".

Niemand entonces pregunta: "¿Te importa si vivo en tu casa? El tiempo de viaje no es malo desde allí hasta la sede de IMG".

"Ciertamente", responde Jessica, "puedes tener todas las habitaciones del segundo piso y el espacio de oficina. Somos mayores y no querremos subir escaleras".

Niemand se expresa: "¡Muchas gracias! Esto realmente me ahorra la molestia de buscar un lugar para dormir. Es un peso de mi agenda y de mi cartera. Pero no te preocupes, ¡yo contribuiré con las facturas y esas cosas!"

Su padre responde: "Podemos calcular un gasto de alquiler más tarde, Niemand. En este momento, disfrutemos de esta comida".

La comida de varios platos continúa hasta una buena conclusión y regresan a casa.

Capítulo 2:sobre el consorcio67

"Los planes tienen poca importancia, pero la planificación es esencial".

Winston Churchill

Oficina central de IMG

Yo Por la mañana, Niemand es despertado por la alarma de su radio musical en la casa de sus padres. Viste de manera informal de negocios, incluida una chaqueta deportiva. Se dirige a la cocina, donde su madre lo saluda con una sonrisa y un abrazo. "Te ves bien para tu primer día en la oficina", lo felicita.

"Me veré aún mejor una vez que obtenga mi uniforme de IMG", responde Niemand.

Después de un abundante desayuno, Niemand sale por la puerta para un corto viaje de 45 minutos en tren de cercanías hasta el edificio de la sede de IMG. Llega a la oficina central de IMG puntualmente al comienzo del horario laboral y saluda a la recepcionista en la planta baja con su identificación. "Hola, soy Niemand. Acabo de empezar hoy".

La recepcionista reconoce a Niemand: "Bienvenido, solo un minuto, y llamaré a su asistente administrativa Cheryl".

Cheryl aparece y se presenta: "Me alegro de conocerte. Soy Cheryl. Seré su asistente administrativo. Por

favor, sígueme a tu oficina. Estamos tomando el ascensor".

Cheryl tiene un tinte marrón en su piel y tiene un aspecto atractivo para una hembra relativamente joven de Consortium67.

Niemand piensa para sí mismo: "Es guapa. Es una de las razones por las que me gustará trabajar aquí".

Él le responde: "El placer de conocerte es todo mío".

En el piso 38, salen del ascensor. Cheryl camina por un pasillo e identifica el diseño de la sede de IMG: "A su derecha está el comedor. A la izquierda, hay oficinas de sus compañeros funcionarios para otras galaxias. Eres la última oficina a la izquierda. Frente a ti está la sala de comunicación. Al final del pasillo está la oficina de Sybart y una sala de conferencias".

Cheryl se detiene en el área de la oficina de Niemand y entra. Una vez dentro, dice: "El escritorio de la oficina exterior es mío". Ella toma una credencial de identificación de su escritorio y se la da a Niemand, diciendo: "Use la credencial de identificación en todo momento en la sede de IMG, y debe deslizarla para entrar y salir del edificio".

Entonces Cheryl presiona su mano sobre una placa de pared detrás de su escritorio, y se abre una puerta a la oficina de Niemand. La oficina mide al menos 50 pies por 50 pies con un gran escritorio, sillas de oficina, una mesa de conferencias y una bonita vista de la ciudad capital de Excelsior. Hay un armario para ropa y archivos. Niemand comenta: "¡Esto es genial! No esperaba un lugar como este para mi oficina".

Cheryl comenta: "Es posible que recibas visitas de funcionarios gubernamentales o militares de alto nivel. IMG siempre trata de causar la mejor impresión. El armario tiene un buen complemento de uniformes IMG. Deberían encajar bien. El sistema hizo que las medidas de tu cuerpo durante la entrevista cambiaran de forma. Pruébate uno de ellos a la hora del almuerzo".

Cheryl luego le da a Niemand varios papeles y él dice: "¿Qué son estos?"

"Los burócratas querrán que te registres con la dirección de tu casa y algunos otros detalles. Ve al escritorio de tu oficina y siéntate. Abra el sistema informático. Está integrado en el escritorio de su oficina".

Niemand se sienta en la silla de su oficina. Toca la pantalla, que enciende la computadora. Niemand le dice a Cheryl: "Quiere mi nombre de usuario y contraseña".

Cheryl le dice a Niemand: "Están en la segunda página que te di".

Niemand escribe la información de identificación y obtiene acceso al sistema.

Cheryl dirige a Niemand a la tercera y cuarta páginas de su escritorio: "En estas páginas, encontrará todo lo que necesita saber sobre la descripción de su trabajo y los enlaces de comunicación. Hay una lista de tareas actual en la última página. Te sugiero que dediques la próxima hora a familiarizarte con la información del informe, que está organizada por planetas. Estaré afuera si necesitas ayuda. A la hora del almuerzo, te guiaré al buffet de la oficina y te mostraré cómo acceder al menú. ¡Bienvenidos a bordo!" Dice Cheryl alegremente.

"Gracias, Cheryl. Has sido de gran ayuda. Si tengo alguna pregunta sobre el papeleo o las tareas, ¿a quién le pregunto?"

"Diríjame sus consultas preliminares a través de su teléfono. Emite un pitido. Te acabo de llamar desde mi control remoto. Tu teléfono ahora tiene mi número. Si no puedo responderla, redirigiré la pregunta a la persona adecuada". Cheryl luego sale a su oficina.

Niemand entra en su armario y se pone su uniforme de IMG. *Cheryl tenía razón. Es un ajuste perfecto.* Luego se sienta en el escritorio de su oficina y saca a relucir el último informe de inteligencia sobre cada uno de los cinco planetas que se supone que debe monitorear. Se tarda aproximadamente una hora en revisarlos. Cuando está terminando la última, Cheryl asoma la cabeza e invita a Niemand: "¿Quieres ir a almorzar? Te mostraré la cafetería".

Sintiendo hambre, Niemand está de acuerdo: "Sí, el almuerzo sería bueno".

En la cafetería, Cheryl señala el menú y cómo pedirlo: "El menú está justo al lado de la puerta. Tú eliges lo que quieres desde una aplicación en tu teléfono. Luego se preparará la comida y se colocará en la bandeja al final de la línea".

Ella lo acompaña a través de la fila del buffet hasta un asiento en el comedor ejecutivo y le pregunta: "¿Cómo te va? ¿Tiene todo sentido?"

Niemand responde: "Pude navegar por el sistema informático. Me gustó especialmente la gran pantalla de pared porque todo lo relacionado con la información de un planeta se puede mostrar y mover con prioridad. Si bien es mi primer día, mis informes de situación parecen relativamente tranquilos".

Sintiendo curiosidad, Niemand dice: "Entonces, Cheryl, dame una breve biografía tuya y de tu experiencia en IMG. Sé que podría buscar los registros de personal, pero preferiría que me lo dijera. Pareces una buena persona, ¿y estás casado, comprometido o estable?

Cheryl sonríe ante la pregunta. "Me uní a IMG justo después de la escuela hace siete años. Empecé en el grupo de mecanógrafas y avancé hasta ser asistente administrativa. Para su información, estoy buscando el socio adecuado".

Niemand y Cheryl continúan su almuerzo con bromas casuales sobre el IMG y regresan a sus oficinas después.

Cheryl toma un breve desvío en el camino de regreso y le muestra a Niemand la sala de ejercicios de IMG, que está disponible las 24 horas del día, los 7 días de la semana.

"Este lugar tiene los mejores equipos de ejercicio. Podré mantenerme en buenas condiciones aquí", dice Niemand, impresionado.

Cheryl continúa: "A mí también me gusta, y hay un entrenador de fitness físico por computadora que puede diseñar un programa solo para ti. Recomiendo encarecidamente crear un programa de ejercicios adecuado, y el entrenador supervisará sus actividades para obtener los mejores resultados. El trabajo en IMG es exigente, y estar en las mejores condiciones te ayudará a superar los momentos difíciles".

Alerta Especial de la Tierra

Niemand regresa a su oficina después del almuerzo y se relaja en su silla, anticipando una tarde tranquila. Entonces, su teléfono suena con una orden de su supervisor Sybart, quien dice: "Este es Sybart. Necesitamos tener una reunión ahora mismo. Ven a mi oficina".

Un mensaje de alerta especial de un agente de inteligencia que monitorea la actividad extraterrestre alrededor del planeta Tierra acaba de ser enviado a Sybart, el jefe del Consorcio 67 IMG. Parece tan serio que Sybart decide examinar la situación de la Tierra con mayor detalle. El Consorcio 67 es un planeta en una galaxia cercana a la de la Tierra. Si bien el IMG no se ha puesto en contacto con ningún gobierno de la Tierra, el IMG tampoco quiere arriesgar los recursos de la Tierra y los humanos contra el Consorcio67. Sybart ordena a Niemand, a cargo de la investigación de la Tierra, que tenga una conferencia con él.

A la entrada de Niemand en su oficina, Sybart dice: "Prescindamos de la burocracia gubernamental y vayamos al grano. Ustedes están a cargo de monitorear el planeta Tierra, lo cual es responsabilidad de su galaxia. Siempre necesitamos identificar a cualquier otro extraterrestre que pueda estar visitando la Tierra, ya que los ovnis y las características de la cultura de la Tierra son aplicables a los viajes intergalácticos. La Tierra es una fuente potencial de personal militar intergaláctico debido a sus habilidades aeroespaciales. Nuestros enemigos podrían inquietar a los humanos para que luchen por ellos. La Tierra puede ser vulnerable al control debido a su reciente pandemia y a los cambios climáticos. Y deberíamos comprobar si nuestros enemigos influyeron en esa reciente pandemia y en cualquier posible cambio climático".

—¿Qué quieres saber? —pregunta Niemand. "Revisé los informes de la Tierra esta mañana. Ya tienes feeds electrónicos de fuentes abiertas: internet, televisión, etc. Consortium67 colocó clones en los Estados Unidos que nos envían toda la información pública. Nuestro satélite terrestre puede proporcionar otra información detallada si queremos que investiguen este reciente incidente. Sin embargo, existe cierto riesgo de que nuestro satélite pueda ser detectado si ampliamos los programas de recopilación del sistema. Deberíamos estar seguros de hacerlo porque la Tierra probablemente no podría retroceder a nuestro sistema al Consorcio67, lo que definitivamente no queremos que suceda", responde Niemand mientras se sienta en una silla de oficina frente a Sybart para lo que parece ser una discusión prolongada.

"Sí, sus puntos están bien tomados", concuerda Sybart. Sin embargo, también expresa su problema con aspectos de un reciente resumen de inteligencia: "Además de esos avistamientos de ovnis, no estamos seguros de cómo son los gobiernos humanos, y deseamos información más detallada que los informes de los medios de comunicación. Me preocupan los futuros conflictos hostiles potenciales en los que los extraterrestres podrían reclutar terrícolas para luchar contra nosotros. Y también parece que necesitamos evaluar: ¿Cuáles son las actitudes humanas hacia los seres diferentes a las humanas?"

La discusión avanza sobre la visita a la Tierra y el seguimiento de los principios de no involucrarse con otras civilizaciones. El Consorcio67 no ha tenido ningún contacto oficial previo con la Tierra.

—¿Y qué hay de la investigación de la Tierra sobre los viajes interestelares? Sybart reflexiona. "También quiero un mayor conocimiento sobre la sociología humana desde nuestra perspectiva. En los escaneos iniciales de Consortium67, los compañerismos entre especies se ven en todas partes en las películas, y los humanos generalmente tratan a sus amigos no humanos con respeto".

Sybart continúa: "Sin embargo, las entidades del Consorcio67 no ven muchas opciones para interactuar con la civilización de la Tierra porque no parecemos seres humanos. Podemos moldear el cambio para parecernos a los humanos, pero nuestro ser físico no puede sostener la estructura durante más de varias horas. Además, los choques repentinos podrían hacer que vuelvan a ser los mismos. Tengo una idea sobre la creación de agentes de espionaje en mascotas porque una proporción significativa de los hogares estadounidenses los tienen. Además, las mascotas tienen una estructura animal predefinida que no está sujeta a restricciones de cambio de forma. Niemand, ¿qué te parece?

Niemand considera la idea y responde: "Sí, específicamente, creo que deberíamos elegir usar gatos. Los felinos pueden ser tranquilos y tienen un historial de ser cazadores que acechan a sus presas. Podríamos indicarles que busquen la información que queremos".

Por lo tanto, con el fin de estar mejor informados, Sybart y Niemand están de acuerdo en que una nave espacial del Consorcio67 hará un viaje exploratorio a la Tierra y reunirá el ADN de los gatos, que el IMG puede usar para modificar genéticamente a los gatos para espiar a los humanos en silencio. A diferencia de los seres del Consorcio67, los gatos pueden estar en modo de camuflaje sigiloso durante largos períodos de tiempo.

"¿En qué lugares quieres que los gatos lleven a cabo la vigilancia?" —pregunta Niemand—.

"Observaremos la Casa Blanca de Estados Unidos y la sede de la Agencia Central de Inteligencia. Si no hay nada más que sea relevante, entonces hemos terminado". Sybart concluye la discusión.

Niemand es enviado a hacer el desarrollo del proyecto a partir del día siguiente. Pensando que los humanos no sospecharían de los gatitos como espías, Niemand hace que Cheryl investigue la idea, quien encuentra una historia de fondo que asegura ese punto. Se ha informado de la presencia de un gato en el sótano del Tesoro que aparecería en momentos de gran peligro nacional. Entonces, los gatos IMG encajarían en esa historia.

Envía una nave espacial del Consorcio67 a la Tierra con instrucciones de visitar refugios de animales y recolectar ADN de gatos. La nave espacial Consortium67 aterriza en el lugar donde se encontraban anteriormente los clones de IMG. Los clones obtienen algunas muestras de ADN de gato en una clínica veterinaria de animales cercana. La nave espacial Consortium67 regresa a su planeta natal, Génesis, con las muestras de ADN felino.

Laboratorio de gatos

El centro de investigación de IMG obtiene el alcance del proyecto de Niemand y considera los desarrollos. El laboratorio hace una rápida creación de clones de gatos a partir de las muestras de ADN, y Niemand decide generar gatitos, entre ellos: un par de Maine Coons (George y Sally) y un par de gatos Ragdoll (Herman y Matilda). Las entidades del Consorcio67 se comunicarán telepáticamente y con lenguaje verbal con los gatos. Por lo tanto, el laboratorio equipa genéticamente a los gatitos para las capacidades telepáticas, de modo que solo los seres del Consorcio67 pueden obtener información de los gatitos y no revelar ninguna conexión alienígena. El laboratorio coloca computadoras orgánicas en los cerebros de los gatos, que tienen un par de características impulsadas por la misión. Al igual que los dispositivos de seguridad que funcionan en bucle, los gatos IMG grabarán recuerdos en vídeo de forma continua cuando estén despiertos. Hay un almacenamiento limitado de cinco días, y luego el bucle se graba a sí mismo. Los gatos también tienen un pequeño micrófono escondido en una oreja, que grabará audio en sincronía con el video. Después de su misión en el lugar, los gatos descargarán las grabaciones en un equipo especial para su revisión.

El plan es que IMG transporte a los gatitos a la Casa Blanca en Washington DC y a la sede de la CIA en Langley, Virginia, en Estados Unidos. Los gatitos también tendrán chips RFID con la capacidad de hacer WIFI, de modo que los gatos puedan enviar un mensaje de correo electrónico SOS de una sola palabra en Internet a Niemand para que los recoja de emergencia. Para hacer este enlace de comunicación, los seres del Consorcio67 planean hackear Internet con un sitio web secreto.

En este punto, Niemand se reúne con el personal del laboratorio IMG y especifica cuáles deben tener los gatos como características impresas. Además de las habilidades telepáticas, Neiman quiere que los gatos sean lo más reservados posible. Sin embargo, si uno de los gatos es visto, entonces se le puede indicar que use su capacidad telepática para borrar la memoria a corto plazo de cualquiera de los humanos y escapar.

Un miembro del laboratorio sugiere: "La invisibilidad se ha utilizado anteriormente en otros planetas con diferentes animales".

"O, ¿qué tal el camuflaje?" Neiman habla en un destello de perspicacia. "Démosles un gen camaleónico. Los gatos son depredadores naturales que se mimetizarían con el medio ambiente".

La persona del laboratorio dice: "Podemos hacer eso".

Más tarde, alrededor de los 8 a 10 días de edad, los gatitos abren sus brillantes ojos violetas y descubren que pueden mezclarse con su entorno utilizando los efectos camaleónicos. El personal del laboratorio muestra a los animales. "¡Funciona!" —exclama Niemand—.

A continuación, Niemand reúne a un grupo del Consorcio67 para ir a la Tierra. Como parte del proceso de selección del equipo, el personal tendrá que trabajar con los gatos. Los gatos están en jaulas, y sus compañeros del Consorcio67 deben ser capaces de ordenarles a través del sonido y las ondas de radio que enciendan y apaguen su camuflaje.

Cuatro semanas después de la discusión del diseño de la sesión de planificación, el laboratorio termina de crear a los gatitos. El personal del laboratorio lleva cuatro jaulas de gatos a una sala de implementación mental. En la habitación, Niemand reúne a su equipo de cuatro expertos en espionaje del Consorcio67, y a cada uno se le asigna un gatito y lo dirigirá en la Tierra.

William Iomega tiene una gatita llamada Sally. Iomega es un sargento de la fuerza espacial y programará a su gato para que busque información sobre ovnis. Lilly Fairchild tiene una gatita llamada Matilda. Fairchild es una experta en auditoría en el gobierno del Consorcio67, y también programará a su gato para recopilar información en la arena política. William y Lilly estarán a cargo de la investigación del cuartel general de la CIA. William le dice a su equipo una palabra de precaución de que los nativos de la Tierra reconocerán a sus gatos como diferentes de los gatos de la Tierra porque los gatos del Consorcio67 tienen ojos violetas.

Daniel Paintose también es sargento de la fuerza espacial y ha estado en un equipo que monitorea los datos de comunicación en otros planetas. Tiene un gatito que se llama George. Wanda Galaxy es de IMG y es asociada de Sybart. Wanda averiguará situaciones políticas con el gatito Herman. Daniel y Wanda son el grupo de trabajo de la Casa Blanca. Los miembros de la tripulación del Consorcio67 son cambiaformas y asumirán forma humana en la Tierra. Sin embargo, la mecánica del cambiaformas tiene un tiempo de uso limitado debido a la energía requerida. Por lo tanto, la tripulación del Consorcio67 solo hará entregas y recogidas en la Tierra.

Cada gatito se coloca en el cubículo de animales de la máquina de implementación con su compañero de Consortium67 sentado en una silla frente a los gatitos. La máquina se pone en marcha y al primer gatito se le implanta la esencia de William Iomega.

"Hola Sally. Dame un maullido si tienes mi identidad después de la carga", le ordena William a su gato.

—Miau —grita Sally—.

Y los otros tres gatitos están igualmente impresos y revisados con sus cuidadores.

"Con el tiempo, los gatos se acostumbrarán a un vocabulario para su trabajo de espionaje", dice el técnico de laboratorio. "También deben desarrollar un apego a los adiestradores. La relación será sencilla, pero creo que a ti y al gato les gustará".

Niemand echa un vistazo a los gatitos y saluda por señales de radio individualmente por su nombre al primer felino. Y las presentaciones continúan con los otros gatitos. Niemand les dice a los gatitos que estén preparados para participar en las actividades de espionaje cuando sean alertados por señales WIFI.

Reunión de equipo

Sybart convoca una reunión al final del día para cubrir la política del equipo de Niemand en el planeta Tierra. William, Lilly, Daniel y Wanda se reúnen en la sala de conferencias con los oficiales de IMG Sybart y Niemand, con cada miembro del equipo sosteniendo a su gato.

Sybart afirma: "El objetivo de una misión de equipo es ver si algún mundo competidor alienígena está tratando de subvertir la Tierra contra el Consorcio67 y, en segundo lugar, evaluar la sociología humana con respecto a los seres interestelares. Por favor, investigue los desarrollos de los viajes espaciales. Tenemos varios replicantes humanos en la Tierra que han reportado alguna actividad OVNI sospechosa. La Tierra también ha estado notando ovnis a lo largo del tiempo, pero no ha podido determinar si estas firmas parecen ser de nuestros enemigos del Mundo del Pantano. No queremos que la Tierra se desconmueva por ellos. Considero que la Tierra tiene serias consecuencias potenciales, y eso significa que tú, Niemand, vas a estar a cargo en el lugar".

Luego, Niemand proporciona detalles, diciéndoles a los miembros del equipo detalles: "Los gatos usarán el lenguaje humano como banderas cuando memoricen situaciones que mencionan ovnis y viajes espaciales. También deben estar atentos a las palabras que expresan conflicto y hostilidad hacia otras personas. En esas situaciones, graban el diálogo o el monólogo.

El ADN, que se utiliza para crear los gatos, tiene varias otras características útiles, incluida la capacidad de entrar en modo de camuflaje. Los gatos pueden enviar señales al personal de IMG a través de transmisiones de radio WIFI, pero la fuerza de la relación señal-ruido no es tan fuerte para una distancia pronunciada de varias millas. Por lo tanto, cuando están en el lugar, se les dice a los gatos que no WIFI a sus cuidadores a menos que sea una emergencia. Los gatos estarán en el lugar el lunes por la mañana para ingresar a la Casa Blanca y a la sede de la CIA con la fuerza laboral normal. Los seres del Consorcio67 deben recoger a los gatos y conectar su lanzadera todos los viernes con una lanzadera del Consorcio67. Habrá chequeos semanales con los gatos durante el fin de semana. Los gatos serán devueltos a la Tierra el domingo para continuar su misión el lunes siguiente por la mañana".

"¿Cómo llevamos a los gatos desde los lugares de aterrizaje de nuestras lanzaderas a la Casa Blanca y a la sede central de inteligencia?" —pregunta Daniel.

"Usarás motos y los gatos estarán en mochilas", responde Niemand. "Obtendrán las bicicletas de clones humanos que tenemos en la Tierra haciendo observaciones de ovnis. Cambiarás de forma humana. Y debido a que usarás trajes de motocicleta y cascos, es poco probable que alguien te reconozca como no humano. El plan es ir a la Tierra a principios del verano, cuando las precipitaciones sean mínimas. Deberías ser capaz de conducir con bastante facilidad.

Durante el viaje a la Tierra, todo el mundo se subirá a un simulador de moto y se hará un chequeo".

"¿Qué pasa con la comida para gatos en la Tierra?" William comenta a todos mientras alimenta a Sally.

"La Casa Blanca tiene un problema conocido con los roedores", dice Niemand, después de haber investigado el tema.

"Sally y Matilda no deberían tener problemas para cazar ratas/ratones para alimentarse. George y Herman estarán destinados en el cuartel general de la CIA y tendrán que arreglárselas con las sobras de la mesa en la cafetería y las sobras de la cocina.

Hay otra persona en la reunión. Sybart le habla: "Permítame presentarle al piloto de su nave, el capitán Larry Kerwell. Tiene más de 10 años de experiencia volando misiones interestelares. Y anteriormente fue piloto en la fuerza aeroespacial Consortium67 durante 5 años. Ha tenido experiencia de combate en numerosos encuentros con buques de guerra enemigos. Espero que se encargue de cualquier conflicto espacial. Si estamos enfrascados en una pelea, él estará al mando".

"Me alegro de conocerlos a todos", dice Kerwell al equipo.

"Si no hay nada más, el equipo está listo para partir al planeta Tierra. Hay una limusina esperándote fuera de la sede de IMG. Te llevará a tu nave espacial. Que tengan un buen viaje". Sybart los descarta.

Capítulo 3: Viaje del Consorcio67 a la Luna terrestre

"Enviado a espiar la tierra".

Números 13:16, Biblia

TEl equipo del Consorcio67 y los gatitos abordan su nave espacial interestelar. Niemand les indica: "Lleven a su gato a su camarote. Cada uno de ustedes con un gato tiene espacio para dormir para el animal en su camarote. Su comida fresca está disponible en la cafetería y se lleva en robot a su camarote. Instalé un buzón para cada camarote. El gato marcará el lugar donde está el buzón de comida en su camarote e irá allí cuando el gato tenga hambre. La plomería de su baño tiene un grifo de agua corriente para una fuente para gatos. Los gatos tendrán cajas de arena en tu camarote. Los robots desecharán ese contenido de forma rutinaria al final del pasillo en el cubo de basura. De hecho, el barco tiene robots que hacen toda la limpieza. Debes cambiarte los uniformes a diario colocándolos en el armario de tu camarote. Los emblemas de sus trajes que indican su rango permanecen en los trajes y se reemplazan de forma rutinaria. Todo se soluciona automáticamente para los gatos. Excepto que debes acariciar y jugar con el gato regularmente con fines de amistad. Los gatos esperan atención".

Niemand da la bienvenida a todos a bordo y dice: "Sus camarotes están en el cuarto piso. Hay un panel de mano para la entrada a su habitación. La cafetería está en el tercer piso. Servirá comida en un horario regular, y puede seleccionar de un menú razonable. Tendremos una hora social después de la cena para que pueda familiarizarse con sus compañeros de equipo. Haré algunas breves introducciones y los miembros del equipo contarán historias personales en esta primera noche de viaje espacial".

"He instalado una sala de ejercicios en el barco", anuncia Niemand a continuación, "y espero verlos a todos hacer ejercicio para mantenerse en buenas condiciones. La sala de ejercicios está en el tercer piso. Puede encontrar ropa de ejercicio en un casillero con su nombre. Después de hacer ejercicio, el casillero limpiará la ropa y la volverá a poner para que la vuelva a usar".

"Y pensé que la sala de ejercicios en la sede de IMG era buena. ¡Esto es fantástico!" —exclama Wanda—.

"Bien, entonces pruebe el equipo", dice Niemand. "No hay nada programado para esta tarde, excepto que hagas algo de ejercicio físico. Hagan un poco de competencia entre ustedes. William y Daniel se suben a las cintas de correr y ven quién es el primero en completar tres millas. ¿No era una carrera parte de tu entrenamiento básico de la fuerza espacial?"

"Sí, saldremos a correr", responde Daniel. "Veo que hay pantallas grandes para mostrar paisajes. ¿Dónde está el interruptor de encendido/apagado?"

Niemand señala un control remoto en una mesa cerca del costado de la máquina: "Aparecerá un menú para su elección". Dirigiéndose a las damas, Wanda y Lilly, Niemand dice: "Hay escaladoras y bicicletas estáticas".

—¿Son como los del gimnasio de la sede de IMG? —pregunta Wanda.

"Sí, son los mismos modelos. Los vestuarios están en la parte trasera del gimnasio. ¡Hazlo!". Niemand entonces sonríe y dice: "Ahora, voy a la cámara de mando con el capitán Kerwell. Nos llevará a la órbita y activará el piloto automático para ir al sistema solar de la Tierra".

Veinte minutos más tarde, en la sala de ejercicios, tanto Daniel como William terminan sus carreras.

William felicita a Daniel: "Ganaste. Superaste mi tiempo por 30 segundos".

"Estuve en el equipo de atletismo en la escuela secundaria y he seguido corriendo regularmente. A los dos nos fue bien. Creo que podríamos perseguir a la mayoría de nuestros enemigos alienígenas", dice Daniel. Respirando con dificultad, añade: "Sin embargo, espero que no tenga que correr detrás de ellos. Permítanme decirles que ustedes, señoras, también se veían bien con su equipo de ejercicio".

Wanda reconoce el comentario: "Esperemos también que no llegue a un conflicto físico. Todos se ven en óptimas condiciones. Al menos todos aquí podrán defenderse. Deberíamos terminar hoy con una rutina de TaiChi".

"No he hecho TaiChi antes", dice Lilly.

"No te preocupes", responde William, "te ayudaremos a través de algunos movimientos básicos de defensa personal. Después, todos estarán listos para una buena cena".

Y el equipo concluye su entrenamiento. Se duchan, se cambian de ropa y se dirigen a la cafetería.

Después de la primera cena, Niemand dirige al grupo del Consorcio67 a la zona de la sala de conferencias y comienza: "El viaje al planeta Tierra va a ser relativamente corto y, por lo tanto, va a ser un reto conocerse. Así que comenzaré las presentaciones esta noche, y permítanme alentarlos a que continúen reuniéndose en la sala de ejercicios. En este momento, daremos una vuelta por la sala de conferencias y les pediré a cada uno de ustedes que dediquen un par de minutos que destaquen su personalidad".

Niemand comienza: "Predicaré con el ejemplo y les daré una breve biografía de mí mismo. Soy nativo de Consortium67, donde crecí y fui a la universidad. Trabajé por un tiempo y luego regresé a la escuela para obtener mi maestría en negocios. Como pensé que era mi deber patriótico durante el programa de posgrado, me alisté en el Cuerpo de Entrenamiento de Oficiales de la Reserva. Después de la escuela, estuve fuera del mundo en misiones militares. Más recientemente, renuncié al ejército y me uní al IMG en mi situación actual".

Hablando con el equipo, Niemand añade: "Si miras a tu alrededor, te darás cuenta de un factor que influyó en tu selección. Todos ustedes son muy similares en tamaño a los terrícolas. De esa manera, cuando cambies de forma a forma humana, los terrícolas no considerarán nada significativamente diferente, lo que podría hacer que te cuestionen. En otras palabras, cuando cambias de forma, tendrás formas físicas que se parecen a las de los humanos normales. Eso significa que tus pies de tres dedos se convertirán en cinco dedos. Sin embargo, las mujeres no deben usar sandalias porque las uñas de los pies parecen brillar intensamente cuando se pintan. Aplicar cosméticos en el rostro será fácil y se hará de la manera normal a la que estás acostumbrado. Los peinados de corte redondo son fáciles de cambiar de forma para los hombres. Las mujeres lo tendrán más difícil. No trates de enrollarte el cabello. Las ondas al estilo de la Tierra podrían volver a la normalidad de Consorcio67 en condiciones estresantes. Usa estilos rectos que simplemente se peinen".

Niemand dice: "Entonces, Daniel, tú eres el siguiente".

Daniel Paintose comienza: "Hola, me uní a la fuerza espacial Consortium67 justo después de la universidad, donde hice entrenamiento de oficial de reserva. Mi especialidad es la inteligencia de comunicación interestelar, que he estado haciendo durante los últimos tres años. Identifiqué la actividad de Swamp World hace varias semanas en el sistema solar de la Tierra, por lo que IMG me seleccionó para ir a esta misión". Se vuelve hacia Wanda.

Wanda Galaxy reconoce a Daniel y habla de su experiencia: "He estado en la sede de IMG durante los últimos años después de asistir a la Universidad Consortium67. He hecho análisis de big data de sistemas políticos en planetas donde Consortium67 ha tenido guerras. Recientemente, he estado haciendo una investigación de archivo sobre la actividad de desarrollo político en planetas civilizados con los que Consortium67 no se ha puesto en contacto hasta este momento. En particular, he estado investigando las características políticas de la Tierra, por lo que me eligieron para este proyecto. Anteriormente estuve en la Tierra, donde establecí un puesto de vigilancia con varios clones. Si alguien tiene más preguntas sobre el medio ambiente de la Tierra, no dude en preguntarme". Wanda se detiene y mira a William.

William Iomega continúa: "También estoy en la fuerza espacial Consortium67. Me alisté después de la escuela secundaria y he estado en el servicio durante 10 años. Durante los últimos 3 años, he estado trabajando en el servicio de inteligencia. Nada emocionante, pero mis asignaciones han cubierto mucho territorio dentro y fuera de nuestra galaxia. Y ahora es el turno de la última cuidadora de gatos, Lilly.

Lilly Fairchild responde: "Nunca he tenido un gato como mascota. De hecho, nunca antes había tenido una mascota. Somos personas carnívoras en el Consorcio67 que no se han desarrollado con otros depredadores. Al menos mi gato es amigable conmigo. Veremos cómo va en la Tierra. Soy el único representante del gobierno en este viaje. Supongo que querían que te acompañara un auditor. Para su información, he realizado una serie de misiones interestelares y he informado a nuestro gobierno de situaciones delicadas. Esperemos que la Tierra resulte ser amigable. Tenemos suficientes enemigos en toda la galaxia".

A continuación, el capitán Kerwell se presenta: "He sido piloto de combate en el espacio del Consorcio67 durante los últimos ocho años. Antes de eso, piloteaba vuelos comerciales. Luego hubo una guerra en la que me reclutaron. Por mi parte, anticipo un simple viaje de ida y vuelta desde Génesis hasta la Luna de la Tierra".

"¡Bonitas presentaciones!" Niemand felicita a todo el mundo. "Tendremos una revisión de la misión la noche antes de que usted y sus gatos aterricen en la Tierra. Eso es todo por esta noche, excepto que necesito hablar con Wanda".

Después de que todos se han ido, Wanda pregunta: "¿Por qué quieres hablar conmigo? ¿Está todo bien?"

Niemand afirma: "Anteriormente estableciste una base con clones en el planeta Tierra".

"Sí, lo hice. ¿Qué pasa con eso?"

A continuación, Niemand esboza una tarea: "En la misión actual, los equipos de IMG sobre el terreno necesitarán motocicletas para llevar a los gatos desde el transbordador hasta sus lugares de vigilancia en la Casa Blanca y la sede de la CIA. Quiero que te pongas en contacto con los clones. Ordenarles que compren 4 motos y compren licencias para ellas".

"Está bien, lo haré", responde Wanda.

A la mañana siguiente, Niemand hace ejercicio en una cinta de correr en la sala de ejercicios. William entra. Niemand dice: "¿Qué opinas de la sala de ejercicios?"

William da una respuesta agradable: "Me gusta. Esta es la primera nave IMG en la que he estado. ¿Lo organizaste o es normal? La mayor parte de mis viajes interestelares han sido en animación suspendida en un cuartel de una nave de tropas".

"Tuve un poco de ayuda de mi asistente administrativa, Cheryl. Su teléfono también se conectará a una aplicación de entrenador personal. Usted puede y debe desarrollar un programa de fisioterapia apropiado para usted. Entonces, cuando estés en la Tierra, estarás en buenas condiciones para lo que suceda".

Los otros miembros del equipo entraron en la sala de ejercicios y escucharon a Niemand. Después de bajarse de la caminadora, explica al grupo: "Tenga en cuenta que hay dos de cada tipo de máquina: cinta de correr, bicicletas estacionarias, máquinas de remo, etc. Ayer te animé a que hicieras ejercicio con tu compañero para tener una idea de ellos y poder coordinarte según sea necesario durante la misión. También hay un líder de realidad virtual para ejercicios de artes marciales (como Tai Chi), que supongo que hiciste ayer. En el espacio abierto del suelo, presione el panel de pared y seleccione su programa. Quiero que cambies de forma humana cuando hagas los ejercicios de Tai Chi. Esa actividad debería permitirte tener un equilibrio decente en la Tierra y ser capaz de participar en combates si es necesario".

Daniel, William, Lilly y Wanda aplauden: "¡Hurra! ¡Hurra! ¡Hurra! Excelente trabajo, Niemand". Es obvio que el personal de IMG no ha recibido este tipo de servicio anteriormente.

Todos se suben a una de las unidades de equipo de ejercicio y comienzan a hacer ejercicio. Después de 10 minutos, Daniel sugiere: "¿Vamos a cambiar de equipo?" Por lo tanto, cada uno prueba una máquina diferente.

Lilly comenta: "Mis dos máquinas se ajustan maravillosamente a mi altura y peso".

"Me gustaría usar estos equipos de ejercicio siempre", dice Daniel.

Wanda les dice a todos: "Deberían venir todos al gimnasio en la sede de IMG después de que termine esta misión".

William habla: "Me gustaría, pero es probable que regrese a mi unidad y viajar en su nave espacial no incluye equipos de entrenamiento como este. Echaré de menos la posibilidad de hacer ejercicio físico durante los viajes espaciales".

"Es posible que pueda acceder al edificio de IMG porque mi oficina gubernamental está justo al final de la calle", dice Lilly.

Tratando de cambiar de tema, Niemand pregunta: "¿Cómo están tus compañeros gatos? ¿Te llevas bien?

"Bueno, parece que Herman y yo nos estamos comunicando a un buen nivel entre su computadora y mi teléfono inteligente. Le gusta acurrucarse por la noche", dice Wanda.

"Mi felino George y yo también hemos estado charlando. Entiéndelo, 'charlando'", comenta Daniel.

"Ja, ja, lo tengo", dice William. "Mi gata Sally y yo estamos bien. Le gustan las caricias".

Lilly se quita el equipo de ejercicio y resopla: "Mi gata Matilda también se comunica regularmente por el ordenador. Nunca antes había tenido una mascota y me lo estoy pasando bien con ella".

Niemand convoca una reunión de equipo en la mañana del siguiente día de navegación en la sala de ejercicios.

"¿Cuántos de ustedes han conducido una moto antes?", comenta.

Nadie dice nada. Los vehículos del Consorcio67 son todos de tracción en las cuatro ruedas.

"Tomo el silencio como un no, así que aprenderemos a conducir motocicletas aquí en la nave espacial".

Niemand dirige a todos a un nuevo equipo: "Este es un simulador para una moto, que creé durante este viaje. Cada uno de ustedes practicará ahora en él y recorrerá una ruta de muestra. Tenga en cuenta que debe saber cómo arrancar, detenerse, hacer giros, acelerar y reducir la velocidad. Además, he creado una ruta de muestra que tiene semáforos. En la Tierra, tu dispositivo de comunicación tendrá un mapa GPS para que lo sigas desde tu lanzadera hasta los puntos de entrega de tus gatos. Conectará el dispositivo a un soporte en el tablero. Así que, Daniel, súbete a la moto y llévala a dar una vuelta. Hay una pantalla de simulador directamente frente a ti y una pantalla de instrucciones a la derecha".

Daniel se sienta a horcajadas sobre la bicicleta: "¿Y ahora qué?"

Niemand señala: "Siga la pantalla de instrucciones y enciéndalo".

Daniel entonces comienza y obedece la pantalla de instrucciones. Excepto por detenerse una vez, Daniel completa la simulación. Luego, Wanda, Lilly y William se turnan con la simulación de la moto. Por lo general, son técnicamente hábiles y hacen el curso bastante bien.

Lilly está un poco inquieta por la experiencia y comenta: "Nunca antes había hecho algo así".

Niemand concluye: "Definitivamente deberías volver a hacer la simulación de la moto. De hecho, todos deberían. Además, todos harán una prueba de manejo en el puesto de avanzada de clones cuando recojas las motos. Si tiene algún problema, podemos resolverlo inmediatamente en nuestro entorno seguro. Cuando aterrice por primera vez en la Tierra en sus puestos de observación de Washington y Alejandría, tenga cuidado con los automóviles porque los conductores no siempre ven motocicletas porque su atención solo se centra en vehículos más grandes. Siga su mapa de localización satelital. He construido la hora del viaje del día para que no conduzcas durante las horas pico de los viajeros. Asegúrese de tomar la ruta designada en su mapa GPS, que estará en carreteras menos transitadas. No trates de hacer trucos o acrobacias, sin importar lo que te digan. Es posible que los peatones u otros conductores se burlen de usted. Todos usarán trajes de cuero que han sido diseñados para adaptarse a ustedes personalmente, y no olviden usar sus cascos en todo momento cuando estén en el suelo. Mientras tengáis los trajes puestos, es poco probable que los terrícolas os reconozcan como individuos del Consorcio67.

Niemand da un paso al frente con otro resumen: "Esa fue la buena noticia. Ahora, las malas noticias. A la mayoría de los individuos del Consorcio67 no les gusta cambiar de forma. Pero, en esta misión, será necesario. En el panel de la pared, también hay un simulacro de persona de la Tierra para cada uno de ustedes. Practica el cambio de forma hasta que el modelo de realidad virtual diga: *'Te pareces a mí'.* La sala de ejercicios viene completamente llena", bromea alegremente Niemand.

Todos los demás en el equipo se quejan, "Uf".

"Ahora viene la peor parte. El inglés no es la lengua materna del Consorcio67. Por lo tanto", dice Niemand, "necesitamos un medio para traducir. Nuestros científicos han desarrollado un sistema de máscaras de realidad aumentada que hará esa tarea con un programa de inteligencia artificial. Se ejecuta en una red personal desde una computadora portátil en su cintura. Cuando escuchas inglés, se traduce a tus auriculares en el idioma normal de Consortium67. También hay una máscara de computadora portátil bastante delgada que se coloca sobre la cara. Cubre los labios alrededor de la boca y debe interpretar los movimientos de la lengua. Cuando dices el idioma del Consorcio67, habrá un breve retraso, y luego el inglés saldrá de los altavoces, que están en las comisuras de tu boca. Todo está camuflado para que los humanos solo lo noten en las proximidades. Eso significa que no hay besos. Te pondrás el aparato de traducción antes de cambiar de forma".

Para sorpresa del equipo, el enfoque del modelo de cambio de forma funciona bastante bien durante el viaje a la Tierra. Solo se necesitan unas pocas prácticas para que todos se vean humanos. Incluso Niemand, que se preguntaba si alguna vez iba a funcionar, consiguió que su apariencia similar a la Tierra fuera aceptable según el sistema. Hablar y comprender el inglés entre ellos fue un poco más difícil, pero el equipo de Consortium67 también pudo hacer que ese sistema funcionara.

Varios días después, la nave espacial viaja sin incidentes al sistema solar de la Tierra. Kerwell toma el control y se enfrenta al sistema de sigilo. Luego maniobra hacia el lado oscuro de la luna de la Tierra, donde establecen una base camuflada.

Esa noche, Niemand convoca una reunión del grupo IMG y revisa la misión: "Los transbordadores te llevarán a la Tierra. Debes entrar en modo sigiloso. Primero, te reunirás con nuestros clones en su puesto de avanzada y obtendrás las motos. Todo el mundo tiene que hacer una prueba de conducción en su moto en el puesto de avanzada con su gato en una mochila. Luego, llevarás tu lanzadera a lugares que he identificado a una distancia razonable de tus objetivos de espionaje. William y Lilly serán el equipo de la Casa Blanca. Te acercarás a un grupo de turistas de la Casa Blanca y liberarás a tus gatos para que estén con ellos. Daniel y Wanda están en el equipo del cuartel general de la CIA. Llevará a sus gatos a una intersección cerca de la ubicación de la sede donde sus gatos se subirán, preferiblemente en el parachoques de un vehículo de camión de reparto, para ingresar a las instalaciones. ¡Buena suerte!"

Capítulo 4: Aterrizajes en la Tierra

"Observando la compañía, con seis o siete sentidos que no están disponibles para los hombres ordinarios..."

Consecuencias económicas de la paz 1919- John Maynard Keynes

Etapa preliminar de la Tierra

TLos gatos están separados por género para no propagarse y pasar tiempo con sus crías. Las hembras irán al centro de la ciudad, a Washington DC, y los machos a Alexandria, Virginia. Los equipos de IMG y sus sustitutos felinos abordan sus lanzaderas. El domingo por la noche, ambos transbordadores viajan a la ubicación del puesto de observación de clones humanos para recoger las motocicletas. Los miembros del equipo de Consortium67 van a utilizar motos para desplazarse entre sus lanzaderas y los lugares donde dejarán a sus gatos para hacer espionaje. Todo el mundo cambia de forma a forma humana para facilitar el encuentro con los clones y la familiarización con las motos. Wanda saluda a los clones, y ellos la reconocen de la visita anterior. Los clones sacan las motos de un cobertizo y las aparcan.

Uno de los clones pregunta: "¿Ustedes los individuos del Consorcio67 saben cómo conducir estas motos?"

"Sí", responde Wanda, "tuvimos un curso de aprendizaje de simulación en el viaje a la Tierra, pero deberíamos hacer una breve prueba de viaje aquí solo para asegurarnos. También tenemos que comprobar que nuestros traductores están trabajando. Di una breve frase a todo el mundo".

Un clon comenta: "Es un hermoso día en el vecindario".

Cada uno de los agentes de IMG, a su vez, responde: "Ok".

Luego, los cuatro agentes del Consorcio67 tienen una primera práctica conduciendo sus motocicletas por sí mismos en el camino de entrada de los clones. A todos, excepto a Lily, les va bien. Lilly recibe algo de entrenamiento de los clones. Luego, todos van a sus lanzaderas y cargan a sus gatos en mochilas. Montan sus bicicletas con los gatos en sus espaldas y dan un paseo por la carretera a una milla de donde viven los clones. Luego, regresan con éxito. Cuando regresan a sus lanzaderas, los gatos maúllan. Los agentes del Consorcio67 consuelan a sus gatos, y los felinos se calman una vez que están de vuelta en sus jaulas en las lanzaderas. Wanda se despide de los clones. Después de que los equipos cargan las motocicletas en los transbordadores, los camuflan y se dirigen a los lugares relativamente remotos cerca de sus objetivos de espionaje.

Grupo de Oficinas Centrales de la CIA

Daniel y Wanda aterrizan en un parque el domingo por la noche cerca de la sede de la CIA en Alexandria, Virginia. A sus gatos se les indica que pasen la semana laboral en el cuartel general de la CIA. Durante la noche, los gatos se acurrucan con sus cuidadores, quienes les dan sus últimas instrucciones. Los gatos llegarán el lunes por la mañana y se irán el viernes por la tarde. Si los felinos ven algún informe significativo de OVNIs, entonces deben irse inmediatamente y comunicarse con sus cuidadores a través de cualquier sistema WIFI disponible. Los cuidadores tienen una dirección de Internet especial en su enlace satelital para cualquier emergencia con gatos. Luego, con todas las instrucciones en orden, los cuidadores acarician a los gatos para llevarlos a dormir.

Día 1

El lunes por la mañana, Daniel y Wanda cambian de forma humana, y cada uno de ellos se pone un traje de motociclista y un casco, lo que debería aumentar su probabilidad de un buen disfraz. Bajan sus motos de las lanzaderas y las aparcan. Luego, metieron a los gatos, George y Herman, en mochilas y los cargaron al hombro. Daniel y Wanda conducen las motos cerca de una parada de tráfico cerca de la puerta. Descargan discretamente a los gatos de las mochilas. A continuación, se ordena a los felinos que se camuflen y entren en los terrenos de la CIA. Daniel y Wanda dicen: "Buen viaje". Los gatos maúllan y se mueven en posición para subirse a la parte trasera de un vehículo de reparto que entra en los terrenos de la sede de la CIA.

George y Herman se suben a la parte trasera de un camión de reparto y se bajan frente al muelle de carga de la sede de la CIA. Continúan camuflándose y se abren paso hacia el edificio. Luego, los gatos deambulan hasta que ven a los empleados entrar en la cafetería. Los gatos se esconden en el comedor y determinan a quién seguir escuchando una conversación casual. También encuentran y comen restos de comida.

George telepata a Herman: "Vamos a separarnos".

Herman responde: "Está bien, nos vemos aquí después del trabajo".

George identifica a un supervisor a cargo de los informes de inteligencia y lo sigue de regreso a su oficina. Herman determina al personal que está revisando los informes informáticos de todo el mundo en una oficina de personal y va allí. Los gatos se reúnen en el patio de comidas después del turno de día.

George señala a Herman: "Pude observar a mi sujeto. ¿Te iba todo bien?

Herman responde: "Sí, mi día salió bien. Busquemos algo de comida".

Los gatos tienen dificultades para encontrar comida y terminan asaltando los contenedores de basura.

Herman maúlla con tristeza a George: "Tenemos que hacer una mejor comida gorrona".

"Tal vez deberíamos interceptar la comida antes de que vaya a los estantes de la cafetería y esconderla para más tarde", dice George.

Los gatos están de acuerdo y acampan para pasar la noche.

Día 2

Aparte del personal de mantenimiento que maneja una aspiradora, los gatos pasan una noche agradable en un rincón de la cafetería detrás de los electrodomésticos de la cocina. Comen algunos restos de comida por la mañana y cada uno continúa con su actividad de espionaje. George es capaz de subirse a una silla de escritorio adicional en la oficina de un supervisor para tener una buena vista del escritorio y la computadora. George televía la idea de un OVNI en la mente del supervisor, y el supervisor revisa los comunicados recientes. Herman no puede llegar a un terreno elevado y tiene que escabullirse alrededor de los cubículos del escritorio mientras escucha las conversaciones. Hay un conflicto militar en curso en el Medio Oriente, y la comunicación de la CIA se centra en ese tema durante el día. Y así, los gatos regresan a la cafetería al final del día.

George telegrafía a Herman: "¿Encontraste informes de ovnis?"

Herman responde: "No, ¿y tú?"

"Nada sobre ovnis".

Comen restos de comida y se retiran al mismo rincón desocupado de la cocina para pasar la noche.

George le indica a Herman: "Necesito una caja para gatos".

"Sígueme. Vi justo lo que necesitábamos", indica Herman.

Herman entra en un cubo de basura y George entra tras ella. Después de hacer sus necesidades, regresan a un lugar tranquilo en la cafetería para pasar la noche.

Día 3

El día siguiente comienza como las situaciones anteriores, con los gatos tomando sus puestos de espionaje. Al comienzo del día, George ve una comunicación OVNI de la Marina, que sugiere un viaje extradimensional. La CIA revisará sus archivos e investigará si el OVNI tiene orígenes humanos. Esta información ha sido redactada al público por razones de seguridad nacional, razón por la cual los exámenes anteriores de información pública de Consortium67 fueron limitados y fue un factor que impulsó el espionaje actual.

A media tarde, Herman, mirando por encima del hombro de un humano en la oficina del supervisor, nota que el humano está viendo un video de gatos jugando con pequeños objetos de colores y emboscando a los humanos. Parece estar en publicaciones en las redes sociales.

George se pregunta: *¿Significa esto que los humanos conocen su misión? ¿Están investigando sobre los gatos con fines de seguridad nacional? ¿Cuál es la razón de esta atención al comportamiento de los gatos y por qué el humano se ríe?* George considera si debe informar esto a su cuidador, y luego decide prestar atención a otros humanos para ver si otros están vigilando a los gatos de la misma manera. Salta de su puesto de observación y busca otros puntos de vista desde los que observar.

Día 4

La mañana transcurre sin incidentes. Los gatos regresan a la cafetería al mediodía, donde George le dice a Herman: "Me muero de hambre". Los gatos tienen retortijones de hambre a la mitad del día porque sus restos de comida matutinos no son muy satisfactorios. En ese instante, Herman huele un roedor y la cacería comienza.

Herman le expresa a George: "¡Ratón! Vamos a por él".

Los gatos salen a cazar rodeando la cantera. George agarra al ratón y los gatos se dan un festín con el roedor. Satisfechos, los gatos regresan a su deber por la tarde. Están enfocados en la información OVNI y rastrean sus acciones de archivo. Al final de la jornada laboral, no había nada nuevo. Los gatos van a su lugar de campamento en la cafetería y pasan toda la noche.

Viernes Día 5

El día transcurre de forma rutinaria. Alrededor de las 5 p.m., George y Herman se encuentran en la cafetería y maniobran a través del edificio hasta la puerta de seguridad por donde salen los trabajadores. Pasan fácilmente por la salida. Luego, se suben al parachoques de una camioneta de la que saltan cuando salen de los terrenos en una intersección donde hicieron su conexión anterior. Se desocultan y se encuentran con sus cuidadores, Daniel y Wanda, que están sentados en sus motos. Cuando nadie está mirando, cada uno de los gatos es felicitado por su cuidador y se carga en una mochila. Luego, el

Consorcio67 se dirige en motocicleta al parque donde se encuentra el transbordador. Hacen rodar las bicicletas en la lanzadera y colocan a sus gatos en jaulas. Al anochecer, despegan para regresar a la base lunar. Daniel y Wanda tienen un viaje de regreso sin incidentes y aterrizan su transbordador en la nave espacial.

Grupo de la Casa Blanca

William y Lilly vuelan desde el puesto de avanzada de los clones a un parque cerca del centro de Washington DC. Aterrizan camuflados en una sección remota del parque. El lunes por la mañana, William va al compartimento donde está Sally. "¿Estás bien?", pregunta.

Sally responde: "Miau", y le da un cabezazo a William.

William dice: "Ahora, te voy a cargar en mi mochila. Vamos a dar un breve paseo a un lugar de reunión de grupos turísticos de la Casa Blanca. Te camuflarás y te mezclarás con el grupo que está haciendo un recorrido por la Casa Blanca. En un buen momento, abandone el grupo y entre en el área de oficinas de la Casa Blanca. ¿De acuerdo?"

Sally suelta un gruñido.

Lilly levanta a Matilda y le frota la cara, quien ronronea en respuesta.

Lilly le dice a Matilda: "Escuchaste a William dar instrucciones a Sally. ¿Estás listo?"

Matilda responde: "Miau".

En el parque, cambian de forma humana y hacen rodar las motocicletas fuera del transbordador. Luego, cargan a las gatitas, Sally y Matilda, en mochilas. Prometen a los gatos que los recogerán al final de la semana y los llevarán en sus motocicletas a un lugar para grupos turísticos cerca de la Casa Blanca. En el último minuto, antes de cualquier control de seguridad, hacen que los felinos se camuflen y los dejan caer con el grupo. William y Lilly regresan a su lanzadera. Revisan Internet en busca de señales de gatos. Al no escuchar ninguno, William y Lilly regresan a la luna esa noche.

Día 1

Sally y Matilda son dejadas cerca de la Casa Blanca. Su plan inicial es volverse invisibles, y están a punto de colarse por la puerta con un grupo de turistas.

De repente, Sally le dice telepáticamente a Matilda: "Mira, un VIP va a entrar en la Casa Blanca".

"Aprovechémoslo", sugiere Sally.

Los gatos acuerdan improvisar sobre la visita de un embajador diplomático, y siguen con la persona y el miembro del personal que los lleva directamente al Despacho Oval. La discusión terrícola se centra en la fricción económica con otro país. Los gatos toman nota del conflicto y de la discusión de una posible resolución de la situación. Cuando el embajador se va, los gatos también salen y se dirigen a la cocina. El olor de Sally y Matilda marca el territorio para que puedan saber en la oscuridad cuál es la disposición del terreno, y para que cada gato pueda identificar áreas de responsabilidad.

"Ocuparé el Despacho Oval", le dice Sally a Matilda.

"Está bien, tengo la sala de profesores", responde Matilda.

Ha sido un día largo, y los extras de la cena son bienvenidos. El personal de cocina no notará la desaparición de las sobras mientras los gatos permanezcan camuflados y se apresuren a tirar trozos de comida al suelo, donde los consumen en un lugar discreto. Después de consumir su cena, los gatos encuentran un espacio en los estantes que no parece utilizado por la cantidad de polvo presente, lo cual es perfecto para acampar. Y se desocultan y toman una siesta por la noche.

Día 2

Por la mañana, Sally y Matilda buscan en la cocina para desayunar. Usan un contenedor de basura para la arena para gatos. Luego, se camuflan. Sally se escabulle a la Oficina Oval junto con el personal que le entrega refrescos. Sally se sienta en un rincón escuchando política aburrida todo el día, excepto para la discusión de informes de inteligencia. Sally toma nota del tiempo de entrega rutinario de los informes.

Matilda va a una sala de profesores con los suministros de la máquina de café. Hay computadoras en cada escritorio. Lo primero que llama la atención Matilda son los procedimientos de ciberseguridad. Los sistemas requieren la verificación de identidad en dos pasos antes de permitir la entrada de inicio de sesión en los espacios de trabajo. Matilda señala que esta característica haría prácticamente imposible que los gatos accedieran porque no tienen una base de comunicación que pueda usarse para verificar su identidad.

Sally y Matilda se encuentran en la cocina a primera hora de la tarde.

"Hola Sally", dice Matilda.

"Vamos a cazar roedores", sugiere Sally.

Sus habilidades para cazar gatos se activan y Matilda atrapa a un roedor.

"¡Buen trabajo! Matilda", comenta Sally, y lo comparten para la cena. Luego, se arrastran a su rincón distante de la cocina para una agradable siesta. Cuando un personal mínimo está en el tercer turno alrededor de la medianoche, se despiertan y van a husmear en busca de lugares de espionaje y fuentes de información. Ambos regresan a su escondite unas horas más tarde después de escudriñar los lugares donde pueden ver a los humanos trabajando.

Día 3

Al comienzo del día siguiente, Sally y Matilda se separan, y cada una va con las entregas de comida de la mañana apropiadas en la cocina. Se ubican en sus remotos puestos de espionaje, que habían identificado la noche anterior. Sally escucha informes de ovnis, que el Congreso está acumulando. Desde la década de 1950, las ocurrencias de ovnis han ido en aumento, pero no se ha encontrado evidencia concluyente. Si Sally o Matilda se enteran de un incidente OVNI grave, deben informarlo inmediatamente con su sistema WIFI. La base lunar puede enviar un transbordador en órbita cercana a la Tierra para realizar vigilancia para ver si el sistema Consortium67 es capaz de determinar la naturaleza y el origen del OVNI. Un problema para los felinos será transmitir una señal desde el interior de la Casa Blanca a sus compatriotas del equipo cuando William y Lilly no estén en el terreno hasta el viernes.

Día 4

Es jueves por la mañana. Desde la cocina, Sally sigue su rastro olfativo hasta el Despacho Oval. Matilda va a la oficina del personal usando su rastro de olor. Un informe OVNI de la FAA de la noche anterior llega a la sala de personal de la Casa Blanca, y la programación de Matilda indica que el informe es digno de ser contado. Sin embargo, dentro de la Casa Blanca, Matilda no va a poder comunicarse a través de una señal WIFI. Entonces, Matilda recopila la información y espera para consultar con Sally por la tarde. Durante el día, Sally se entera de la política doméstica rutinaria y regresa a la cocina más tarde en el día.

Los gatos se encuentran en la cocina. Matilda telegrafía a Sally: "Tuve un avistamiento significativo de ovnis, pero no pude comunicarlo. ¿Qué sugieres que hagamos?

"No hay peligro inmediato", señala Sally. "Mañana es viernes para nuestro regreso a la Luna. Esperemos hasta entonces".

"Estoy de acuerdo con eso. Así que buenas noches".

El jueves por la noche, William y Lilly regresan en su transbordador durante la noche a la ubicación de la Tierra para estar preparados para recoger a los gatos el viernes. Lilly le dice a William: "Sabes que es bastante genial en este transbordador. Las lagartijas del consorcio67 reaccionan negativamente a las bajas temperaturas. ¿Qué tal si te acurrucas conmigo por la noche?"

William responde: "Esa es definitivamente una buena idea". Y los dos se abrazan para dormir bien por la noche.

Día 5

A primera hora, el viernes por la mañana, Sally va al Despacho Oval. Ella se sienta todo el día sin ver ninguna confirmación del informe OVNI. Sally no escucha nada más durante su publicación. Matilda va a la sala de profesores, donde se sienta durante un día sin incidentes. Entonces, ambos gatos se encuentran en una puerta de seguridad y salen del edificio con un grupo de turistas. Abandonan los terrenos y encuentran a sus cuidadores, William y Lilly. Los gatos se cargan en mochilas. El equipo regresa en sus motos al parque. Durante la noche, vuelan el transbordador a la luna.

Capítulo 5: Fin de semana en la Luna

"Hasta ahora, todo bien".

Varios diccionarios

OEl viernes por la noche en la nave espacial IMG, Niemand saluda a Daniel y Wanda al aterrizar en el transbordador: "¿Tienes algo inmediato que informar?"

El grupo de trabajo de la CIA de Daniel y Wanda sacude la cabeza y dice: "Hicimos un regreso sin incidentes de la Tierra a la nave espacial IMG aquí en el lado oscuro de la luna".

Desde el transbordador, llevan a los gatos George y Herman a bordo de la bahía de aterrizaje de la nave espacial, donde Daniel y Wanda les dan masajes en los oídos. "¿Qué les parece, gatos? ¿Lo estás haciendo bien?" Ambos gatos maúllan, lo que Niemand toma como un sí.

"Dale algo de comida a los gatos. Entonces encuéntrame en la sala de conferencias. Trae a los gatos contigo". Niemand instruye.

El equipo de IMG de William y Lilly lleva a sus gatas Sally y Matilda desde el exterior de la entrada de la Casa Blanca a través de sus motocicletas hasta su lugar de aterrizaje en el parque en la Tierra. Después del anochecer, toman su lanzadera a la base lunar, y

Niemand se encuentra con ellos en la bahía de aterrizaje. "¿Tu viaje en lanzadera fue normal?", pregunta.

"Todo salió bien", responde William

"¿Cómo están tus gatos? ¿Necesitas darles comida?"

"Creo que los gatos están bien. Les dimos comida en el viaje en lanzadera a la luna".

Sally y Matilda dan un maullido por bien.

Niemand ordena al equipo que vaya con sus gatos a la sala de conferencias. Entonces, William y Lilly llevan a sus gatos a una reunión en una sala de conferencias donde conocen al otro equipo del Consorcio67 y a Niemand.

Cuando todos están en la sala de conferencias, Niemand habla: "Hablé con los equipos en la bahía de aterrizaje después de que regresaron a la nave espacial. Ambos equipos me dijeron que todos estaban bien, lo cual es bueno. A continuación, tendremos que recopilar información de los gatos".

Niemand continúa, dirigiendo: "Entonces, cada uno de ustedes llevará a su gato a la máquina de escaneo, que está al lado de esta sala de interrogatorios. Descargue los datos del gato desde su computadora orgánica a la computadora de la nave. Luego, ve a tu camarote y verifica la información en el sistema con respecto a una línea de tiempo de la actividad del gato. Desplázate por el video y toma notas de cualquier cosa que creas que es importante. Nos reuniremos de nuevo como grupo después de que revises individualmente la información del gato. Y pregúntale a tu gato sobre cualquier actividad OVNI que haya notado".

Uno a la vez, los agentes del equipo de aterrizaje colocan a sus gatos en el descargador. Solo se necesitan unos minutos para que los gatos comiencen a grabar y transmitan las experiencias a su guía. Luego, los miembros del grupo Consortium67 van a su camarote para verificar las grabaciones.

El primero en probar el dispositivo de descarga es Daniel con su gato George. Daniel sitúa a George dentro del compartimiento del gato del dispositivo, y George comienza a luchar.

Daniel dice de una manera tranquilizadora: "Relájate, George. Esto solo tomará un minuto, y estaré contigo aquí mismo".

George se calma y la máquina descarga el video/audio de la semana en la cuenta de la computadora de Daniel. Daniel recoge a George y va a su camarote para revisar la grabación. Mientras Daniel revisa la grabación, le dice a George: "¿Notaste alguna experiencia ovni significativa?"

George solo mira a Daniel y luego mastica su bandeja de comida.

Daniel le dice a George: "Tenemos que trabajar en nuestra relación. Después de todo, ¿no somos mejores amigas?"

George responde desde su computadora orgánica hasta el teléfono inteligente de Daniel: "¿Qué son los mejores amigos?"

"BFF significa mejor amigo para siempre. Me gustas y espero que siempre te guste". Daniel se acerca, frota las orejas de George y le dice: "¿Amigo?"

George maúlla en respuesta y luego comunica a través de la red al reloj inteligente de Daniel una respuesta de: "Amigo, puedes acariciarme en cualquier momento".

En su camarote, Daniel continúa ejecutando el programa de monitoreo, que tiene una barra de canal de pie de página que muestra la actividad. Básicamente, Daniel avanzaba la grabación a cada lugar, lo que indica que George está viendo algo. Daniel no ve nada de importancia sobre los ovnis en la grabación de George.

Lilly obtiene con bastante facilidad una descarga de su gata Matilda en el sistema informático de a bordo. Lilly revisa la grabación de su gato en su camarote y nota algo de interés sobre un avistamiento de ovnis. Desafortunadamente, el informe se movió por la vista del gato con bastante rapidez. Por el lado positivo, ahora hay una identificación de línea de tiempo para algo que podría verificarse con los datos de IMG. Lilly marca una nota en su teléfono inteligente de la hora del evento. Luego levanta a Matilda y la coloca en su regazo. Acaricia a Matilda. Lilly le dice que es una buena gata y la felicita por un buen trabajo. Matilda ronronea en respuesta.

William echa un vistazo a la grabación de Sally. Toma nota de una noticia de fondo sobre mascotas. William decide que la noticia no es gran cosa para los gatos y la misión. Comenta en su teléfono inteligente: "No se ve muy diferente de otras publicaciones de gatos en Internet. Sin embargo, monitorearé los artículos para gatos en el futuro".

William le pregunta a Sally: "¿Viste algún informe de ovnis?"

Sally responde usando la computadora orgánica al teléfono inteligente de William: "Nada. Y esos medios de comunicación de fondo me parecieron correctos".

Wanda revisa el video de Herman. Parece que Herman tuvo algunos problemas para moverse. Sin embargo, no fue detectado por el personal de la CIA. Ella no ve ningún informe de ovnis sobre otros extraterrestres.

Wanda le pregunta a Herman: "¿Tuviste problemas para caminar para obtener información?"

Herman regresa a través de su computadora al teléfono inteligente de Wanda: "No fue difícil, pero no fácil".

Una hora más tarde, el equipo se presenta para una reunión de resumen en la sala de conferencias. Niemand mira al equipo y piensa para sí mismo, *todos parecen agotados. Sus expresiones faciales me parecen deprimidas.*

Entonces, Niemand les dice a todos: "Coman en la cafetería y relájense durante media hora en la sala de conferencias. Pruebe el modo de masaje en las sillas de conferencia".

El equipo participa de la comida en la cafetería. Luego, regresan a la sala de conferencias. El modo de masaje de los sillones funciona bien. Su silla hace que Lilly se duerma casi de inmediato. Los sillones hacen que todos los demás se sientan cómodos y relajados.

Reunión de grupo

Niemand entra en la sala de conferencias 30 minutos más tarde y dice: "Ok, ahora te ves mejor y has tenido algo de tiempo para recuperarte de la expedición. Es hora de una reunión de equipo". Niemand tiene una forma de llamar la atención de todos cuando Lilly se despierta. Niemand comienza: "Vamos a tener un informe de la situación sobre el terreno de cada uno de los dos equipos de aterrizaje. Luego, escucharemos de cada uno de ustedes sobre sus gatos".

William dice para sí mismo y para Lilly: "En la ubicación de la Tierra, el aterrizaje y el regreso fueron bien. El tiempo en tierra fue bastante aburrido y leímos novelas de la biblioteca del barco. Busqué noticias en Internet en la Tierra. El espacio para hacer ejercicio en el transbordador no era suficiente, por lo que de vez en cuando salíamos a correr por el parque. Nadie nos prestó atención cuando dejamos y recogimos a los gatos en el objetivo de espionaje".

Daniel se hace eco del comentario de William: "Nuestro vuelo de entrada y salida también fue normal a nuestra posición terrestre desde la nave espacial. Nuestro viaje terrestre hacia y desde el objetivo de espionaje transcurrió sin incidentes. La gente de la Tierra anda en motocicletas por todos lados. Encajamos con el tráfico normal.

"Y, sí, el tiempo en el suelo fue aburrido, como mencionó William. Sin embargo, no me siento cómodo saliendo a correr por la Tierra porque podría tropezar accidentalmente con un terrícola. Además, la ducha de transporte en el baño no es tan buena. Aunque estamos envueltos invisibles en el lugar de aterrizaje del parque, y nadie nos notó, la ubicación no tiene mucho en cuanto a árboles y follaje. ¿Tal vez podríamos buscar otro lugar de aterrizaje?

Niemand hace un recordatorio: "Ok, ten cuidado cuando estés fuera del transbordador y mantente transformado en apariencia humana. El distanciamiento social debería ayudarlo a mantenerse seguro. Ahora, sigamos con los informes individuales de los gatos".

William informa: "Mi gata Sally pudo maniobrar bien en la Casa Blanca. Permítanme decir además que mi gato no encontró nada significativo sobre los ovnis, y que la mayor parte de la atención fue de naturaleza política, centrándose en cuestiones económicas y climáticas. Había una historia de fondo sobre el comportamiento de los gatos que parecía un poco extraña porque no le tenía mucho sentido".

Lilly reconoce su informe en un hallazgo similar al de William: "Mi gata Matilda pudo moverse con bastante facilidad, pero encontró un informe relevante para los ovnis. Sin embargo, no vi la información, que no estaba detallada en ninguna medida para ser significativa y pasó muy rápido. Puede consultar el evento en la base de datos de la sede central de IMG. Por un problema de comunicación, Matilda quería enviar inmediatamente una denuncia, pero no podía hacer un enlace a Internet desde el interior del edificio. Cuando el gato regresó a la luna, el informe de situación se descargó en el sistema. Ahora puedes verlo en la pantalla superior".

Niemand revisa la información OVNI. Dice: "Sí, este informe parece incompleto. Lilly, debes indicarle a tu gato que haga un seguimiento en situaciones como esta".

Niemand se dirige al otro equipo de IMG: "¿Cómo les fue a tus gatos?"

Wanda indica: "Mi gato Herman tuvo algunos desafíos para navegar por la sede de la CIA y encontrar quién podría tener la información que el Consorcio67 quiere".

Daniel comenta: "Tenía algo parecido al informe de William sobre la actividad de los gatos. Mi gato George informó sobre el extraño interés que los humanos parecen tener en el comportamiento de los gatos".

Niemand interviene: "A los humanos les gustan sus gatos. Hay una actividad prolífica sobre los gatos en los libros y en Internet. Por lo tanto, ese interés aparentemente extraño puede ser simplemente inherente a humanos específicos. Pídele a tu gato que haga un seguimiento en la próxima visita".

Daniel ordena con su teléfono inteligente a la computadora de su gato: "Quiero que continúes recopilando toda la información que pueda sobre este extraño comportamiento de gato/humano, ya que parece contrario a las actitudes del Consorcio67".

Daniel señala en términos positivos sobre el espionaje de los gatos: "Su camuflaje parece tener éxito porque no escuchamos alertas de intrusos. Sin embargo, puede haber problemas futuros para que los gatos entren y salgan de la sede de la CIA, especialmente si llueve, porque se verán las huellas".

Niemand comenta: "Sí, esta información está relacionada con el tema. Verificaré los enlaces de comunicación en Internet y veré si puedo mejorar nuestra sensibilidad de recepción en las ubicaciones de espionaje. Los gatos tienen una capacidad de transmisión limitada. Intentaré agregar un símbolo de antena a la barra de herramientas del gato, que será verde para el sistema de señal disponible y negro para la ausencia de señal. Deben verificar antes y después de enviar cualquier mensaje".

A continuación, Niemand recuerda a los equipos: "El propósito de la misión de los gatos se estableció en el Consorcio67. Deben buscar información sobre extraterrestres de otros planetas que están en la Tierra o que influyen en el medio ambiente. Escaneos anteriores tomados del Consorcio 67 indicaron que algunos extraterrestres diferentes han visitado la Tierra.

Niemand señala nuestra situación actual de la siguiente manera: "Estamos en una base lunar que está camuflada con equipo de detección, y también tenemos un satélite de órbita estacionaria baja que está monitoreando una vista de 360 grados de la actividad electromagnética alrededor de la Tierra. En este momento, no hay nueva evidencia verificable de extraterrestres de diferentes mundos que hayan aterrizado en la Tierra".

Niemand concluye: "Los gatos están listos para ir a otra semana de espionaje sobre el terreno en los mismos lugares".

Niemand sirve un banquete para los gatos y se toma un tiempo para socializar con el grupo IMG. Después, los compañeros del equipo purgan los archivos de datos de la semana pasada en las computadoras orgánicas de los gatos. Luego, todos se van a dormir después de la celebración de una semana exitosa (es decir, tranquila).

Después de la cena y la reunión, Niemand se pone en contacto con Consortium67 con un informe sobre las actividades de la semana.

Niemand saluda a Sybart cuando aparece en la pantalla: "Estoy en nuestra base lunar. ¿Cómo va la situación en la sede de IMG? ¿Hay algún informe sobre otra actividad extraterrestre en la Tierra?"

Sybart se dirige a Niemand usando el micrófono de la computadora en su oficina: "La situación de la sede de IMG es normal. ¿Cómo avanza su misión?

"Todo va según lo planeado. Creo que hemos tenido una buena semana en la que todo el mundo está familiarizado con la situación sobre el terreno".

Niemand reporta a Sybart. "Un equipo de los gatos fue desplegado en la sede del poder ejecutivo de los Estados Unidos en la Casa Blanca. Un gato se metió en el Despacho Oval del presidente, y el otro gato inspeccionó una sala de comunicaciones. Ninguno de los dos detectó presencia extraterrestre verificable. Sin embargo, nuestra telemetría satelital en órbita terrestre muestra que el planeta está teniendo otros problemas que podrían atribuirse a la influencia alienígena, como las plagas y el calentamiento global".

Niemand añade: "Una anomalía fue encontrada por el segundo equipo de gatos, que pudo entrar en el cuartel general de la CIA en Virginia. Uno de esos gatos vio un informe que indicaba un OVNI con dimensionalidad extraterrestre".

—¿Era una lanzadera del Consorcio67? Sybart interviene.

"No", responde Niemand.

"Luego, tenemos que revisar los registros de la Tierra. También hubo una indicación reciente aquí en la sede de IMG de nuestro equipo de espionaje de que otra nave alienígena estaba en el sistema solar de la Tierra. Quiero que hagan un seguimiento de ese informe con sus gatos. Que busquen cualquier tipo de actividad OVNI".

– ¿Servirá? ¿Algo más?

"No, nos registraremos la próxima semana", concluye Sybart y se despide.

Al final del fin de semana, el domingo por la noche, los equipos del Consorcio67 cargan a los gatos en los transbordadores y los devuelven a la Tierra para otra semana de espionaje a los humanos. Dada la sesión informativa del fin de semana, los gatos saben qué buscar con respecto a la actividad OVNI. Con suerte, podrán recopilar mejores detalles en el futuro.

Capítulo 6: Regreso al planeta Tierra

"Cuando la batalla está perdida y ganada".

Macbeth Acto I Escena I Shakespeare

<u>Aterrizaje del transbordador cerca de Alexandria, VA</u>

Daniel aterriza un transbordador camuflado después del anochecer del domingo por la noche en un parque cerca de la sede de la CIA en Alexandria, Virginia. Daniel y Wanda salen de la cabina hacia el área de carga donde están secuestrados los gatos. Wanda recoge a Herman y Daniel sostiene a George. Cada uno de ellos les da a sus gatos un masaje en las orejas, a lo que comienzan a ronronear. A los gatos George y Herman se les recuerda que pasen la semana laboral buscando evidencia de ovnis en la sede de la CIA.

George responde con su orgánico a través del teléfono inteligente de Daniel: "Lo hará".

Los gatos llegarán el lunes por la mañana y se irán el viernes por la tarde.

Daniel dice: "Y ahora estamos sentados en varias horas de tiempo. Debería haber descargado una novela en mi teléfono inteligente de Internet, pero no lo hice. Así que déjame preguntarte, Wanda, ¿cómo era tu vida antes de la IMG y cómo llegaste a esta misión?

"Ok, te contaré la historia de mi vida, y luego será tu turno de contarme cómo llegaste a esta misión", dice Wanda. "Nací en la capital de Génesis y crecí allí. Mi familia inmediata es numerosa, de unos 60 años, como la mayoría de las familias del Consorcio67 con muchas conexiones. Mientras crecía, me interesé por las noticias de la galaxia y las actividades espaciales del Consorcio67. Mi familia me ayudó a encauzarme hacia la astronáutica. En particular, en la escuela secundaria, tuve un gran campamento de verano fuera del planeta en Rigel. Pude explorar un continente entero con mi hermano Ralph, que era oficial en la base espacial de Rigel. Todo se veía tan diferente en el cielo nocturno de Génesis porque Rigel era literalmente una reserva natural con solo un puerto espacial y sin ciudades importantes. No había contaminación lumínica que afectara a la visión del universo. Sentí que quería estar en las estrellas.

"Cuando estaba en la universidad, hice una pasantía en IMG, donde conocí a Sybart. Fue mi mentor, que siempre tenía buenas ideas y sugerencias. Hice varios proyectos de IMG para él. Después de graduarme de la universidad, Sybart me llamó y me preguntó si me gustaría unirme al IMG. Aproveché la oportunidad. En los últimos años, he desarrollado experiencia en IMG y he avanzado de rango hasta mi puesto actual. La Tierra está en mi territorio IMG del universo. Anteriormente hice parte del trabajo de preparación en la Tierra para esta misión. Por lo tanto, yo era una persona a tener a bordo porque ya tenía un buen conocimiento del planeta. A mi gato Herman le gustó mi historia. ¿No lo hiciste, Herman?

Herman da una respuesta orgánica de computadora al teléfono inteligente de Wanda: "Sí, eres una persona maravillosa del Consorcio67". Herman se acerca a Wanda y le roza las piernas, maullando.

Wanda se dirige a Daniel: "¿Cómo llegaste a esta misión?"

Daniel refresca a Wanda con su anterior presentación personal en la nave espacial. Comienza: "Estoy en la fuerza espacial del Consorcio67 en la rama de inteligencia. Como parte de mis deberes, estaba buscando rutinariamente en el sistema solar de la Tierra, e identifiqué una señal de Mundo Pantanoso que se originó aquí. Luego, hice un escaneo completo de la Tierra y me familiaricé con la galaxia de la Tierra. Mi informe de la Tierra es la razón por la que Sybart me eligió para esta misión. Y con respecto a cómo entré en el servicio de inteligencia de la fuerza espacial Consortium67 en primer lugar... Bueno, siempre tuve una inclinación por la programación. Hasta su jubilación el año pasado, mi padre era especialista en información en una empresa de Genesis. Solíamos crear juegos de computadora juntos. Me gustaba jugar a los juegos que mi padre creaba para mí. Y poco a poco, empecé a crear juegos para mi familia inmediata, los 50. Somos del tamaño típico de las familias de Consortium67. Sí, fue genial que a un número relativamente grande de hermanos les gustaran mis juegos. Papá me hacía sugerencias constructivas sobre mis juegos. Cuando llegó el momento de elegir una carrera universitaria, existía la única opción de ciencias de la computación. Por lo tanto, el servicio de inteligencia Consortium67 era una vocación para mí. Y aquí estoy. Bueno, George... ¿Mi historia le hizo cosquillas a su computadora orgánica? ... Porque si no lo hizo, te reprogramaré".

Mirando a Daniel por un rato, el gato George maúlla y comenta desde su computadora orgánica: "Ni lo pienses".

Daniel le sonríe a George y le dice: "Sabes que solo estaba bromeando sobre la reprogramación. Me gustas". Daniel luego le da a George un masaje en la cabeza.

"Hasta aquí la narración. Es hora de irse a dormir", dice Wanda.

El equipo de Consortium67 acampa en sacos de dormir en la bahía de carga del transbordador para dormir por la noche con los gatos a su lado.

Lunes

El lunes por la mañana, el equipo de Consortium67 cambia de forma y se viste con su ropa de motociclista. Cargan a George y Herman en mochilas, y Daniel y Wanda llevan a los felinos en sus motocicletas a una parada de tráfico cerca de la puerta de la sede de la CIA. Se sitúan fuera de la vista detrás de una señal de tráfico. Giran las mochilas al frente y sacan a los gatos de las mochilas. A continuación, se ordena a los gatos que se camuflen y entren en el edificio. Cuando el tráfico se detiene en rojo, los gatos saltan sobre el parachoques de un camión de reparto que se dirige a los terrenos de la CIA. El camión pasa por una puerta de seguridad. Los gatos se bajan del camión cuando llega a un muelle de carga y se deslizan hacia el edificio con éxito. Desde ese punto, los gatos se dirigen a la cafetería.

Daniel y Wanda regresan a su lanzadera y cargan las motos dentro. Wanda se quita el traje de motociclista y se pone un conjunto más cómodo de ropa de sudadera de la Tierra. Después de volver a cambiar de forma a la forma de Consortium67, dice: "Me siento mucho más cómoda con esta ropa que con los trajes de motociclista".

Daniel hace la misma transformación y dice: "Estoy de acuerdo contigo. Es una suerte que el tiempo de viaje en moto no sea demasiado largo. Aun así, tal vez podríamos alquilar una habitación de motel más cerca de la sede de la CIA. Por ahora, naveguemos por Internet". Encuentran novelas en una biblioteca de código abierto y se relajan leyéndolas hasta el momento en que vuelan de regreso a la luna esa noche.

El día comienza como de costumbre para George y Herman, que van de la cafetería a sus puestos de escucha. Un informe llega a un supervisor de la CIA desde un barco de la Armada sobre un avistamiento de ovnis que George monitorea. La información OVNI es nueva y de diferente calidad.

George le hace una señal a Herman: "Tengo uno grande".

Herman responde: "¿Dónde estás ahora? Déjame ver.

George envía: "Te veré en el pasillo".

Los gatos se reúnen y van a un lugar tranquilo en una sala de conferencias abierta. Herman mira la infografía orgánica de George y dice: "Nosotros, los gatos, necesitamos compartir este avistamiento de ovnis". Los gatos se conectan a WIFI y publican el mensaje de alerta de contacto a través de la dirección web del satélite de Consortium67. Luego, los gatos salen del edificio para ponerse en contacto con sus cuidadores, Daniel y Wanda.

En el estacionamiento, los gatos eligen un automóvil que se dirige a la puerta y se suben a su parachoques mientras pasan por un paso de peatones. Todo parece estar bien hasta que el conductor se detiene y deja bajar a un pasajero cerca de una puerta exterior, pero antes de abandonar el recinto. Luego, el coche despega rápidamente, con los gatos agarrándose con fuerza. Los gatos caen del automóvil a varios kilómetros de distancia de la sede cuando el automóvil se desvía bruscamente hacia la izquierda en una intersección. Se dan la vuelta varias veces y pierden su camuflaje. Los gatos se desorientan y comienzan a tambalearse. Un transeúnte los ve, los agarra y los mete en el área enjaulada en la parte trasera de su camioneta. Llama al hospital de rescate de animales cercano y les habla de los gatos.

"Lleva a los gatos a nuestro refugio. Sabes dónde se encuentra desde que llamaste a nuestro teléfono, ¿verdad?", pregunta el médico veterinario por teléfono

"Sí, hace poco adopté un gato de tu refugio. Estaré allí en 15 minutos", responde el transeúnte.

Cuando el transeúnte llega al refugio, el veterinario saca una jaula en la parte trasera del vehículo y carga a los gatos en ella. En el refugio, los gatos son examinados por el mismo veterinario, a quien parece gustarle porque les habla suave y gentilmente mientras los manipula por todas partes para buscar daños físicos. El veterinario también hace una comprobación preliminar de la búsqueda de chips de identificación, pero no encuentra ninguno.

Sin saber qué hacer con esta situación, los gatos transmiten su señal de socorro, pero nadie responde. Están encerrados juntos en una jaula. Ninguno de sus programas los ha preparado para el cautiverio. Tendrán que improvisar...

George telepata a Herman: "¿Cómo salimos?"

Herman responde: "No tengo ni idea. Vamos a tener que improvisar".

"Mantengamos la calma y actuemos de manera amistosa", sugiere George.

Lunes por la tarde

Daniel y Wanda reciben el mensaje de Internet de su gato para que lo recojan. Viajan en moto desde su lanzadera hasta el lugar de la sede de la CIA donde se ha llevado a cabo el encuentro de gatos. Buscan por toda el área de la puerta de la CIA, incluida una hora, donde cambian de forma a forma humana, preguntando sin encontrar a sus gatos. Al final del día, están perplejos sobre qué hacer porque no se encontraron con los gatos. Regresan en moto a su lugar de aterrizaje y entran en el barco. En su lanzadera esa noche, Daniel y Wanda discuten la situación.

Daniel comienza: "¿Qué debemos hacer? Recorrimos el territorio cercano al cuartel general de la CIA con bastante cerca".

—¿Quizás deberíamos ampliar el área de búsqueda? Wanda sugiere.

—¿Pero en qué dirección y hasta dónde?

"Además, ahora está oscuro, lo que dificultaría que los gatos nos detecten".

Daniel está de acuerdo: "En este momento, deberíamos regresar a la base lunar y discutir la situación con Niemand".

El transbordador hace un viaje rápido desde la Tierra a la Luna. Cuando regresan a la base lunar, informan a Niemand que sus gatos informaron de un contacto sospechoso con un OVNI, según las comunicaciones en la sede de la CIA. De acuerdo con las instrucciones anteriores, los gatos consideraron que el contacto era importante y abandonaron el edificio. Sin embargo, en ese momento, Daniel y Wanda perdieron el contacto con los gatos. El equipo de Consortium67 no pudo encontrar a los gatos cuando fueron a recogerlos.

Niemand le dice al equipo: "Mañana ampliaremos la búsqueda de los gatos. Por ahora, descansa un poco. También investigaré el informe OVNI de aquí en la base lunar".

Niemand también se pone en contacto con Sybart sobre las noticias sobre los ovnis y la desaparición del gato: "Hola Sybart. Ustedes deben verificar la información OVNI de hoy con sus computadoras IMG. Los gatos que vigilaban el cuartel general de la CIA y que descubrieron el informe han desaparecido.

Preocupado, Sybart le dice a Niemand: "Verificaré el informe OVNI con nuestro sistema IMG. ¿Qué sabes de los gatos?

Niemand reacciona con tristeza: "Los gatos salieron del local, pero no sabemos dónde. Daniel y Wanda buscaron en una rejilla cerca del edificio, sin embargo, no había rastro".

"El equipo debe regresar de inmediato y ampliar el área de búsqueda", ordena Sybart a Niemand. "No queremos perder a los gatos, y queremos saber qué encontraron en sus computadoras analógicas".

"Mantenme informado", dice Sybart y luego se despide.

Hablando con Daniel y Wanda, Niemand dice: "Sybart les ha ordenado que regresen a la Tierra. Es importante que no perdamos a los gatos ni los expongamos a las autoridades de la Tierra. Por ejemplo, estos receptores de detección de radio en miniatura, que son lo suficientemente pequeños como para caber en las bolsas de equipaje de tus motos. Enciéndelos y usa los auriculares para que puedas escuchar las señales de radio de los gatos en las motos. Amplíe su búsqueda de forma circular, recorriendo cada cuadrícula de mapas alrededor de la sede de la CIA".

Daniel y Wanda regresan a la Tierra esa noche y acampan cerca de Alejandría. A la mañana siguiente, deben hacer una búsqueda ampliada para buscar a los gatos.

Capítulo 7: Aterrizaje de DC en la Casa Blanca

"... El verdadero enemigo es lo desconocido".

Thomas Mann

William y Lilly aterrizan en el mismo parque en Washington, DC, donde estuvieron la semana pasada. Están a punto de pasar una noche de domingo sin incidentes cuando Lilly le pregunta a William: "¿Cómo llegaste a esta misión?"

"Es una larga historia", responde William.

Lilly pone a Matilda en su regazo y comienza a acariciarla. "Adelante, dime. No es como si tuviéramos otra cosa que hacer que acariciar a nuestros gatos".

William comienza: "Como sabes, estoy en la fuerza espacial del Consorcio67. He estado en cinco situaciones de combate diferentes fuera del planeta. Mis especialidades abarcan todas las armas de la infantería. Mi comandante me dijo que una misión IMG quería tener apoyo de combate. Me dijo que me recomendaba porque había demostrado una considerable experiencia en armas. Para su información, nuestra nave espacial IMG tiene un arsenal de infantería totalmente equipado. Los revisé antes de salir de Génesis, y estoy completamente calificado para disparar todas las armas.

"Mi padre me enseñó a cazar a una edad temprana. Me convertí en un muy buen tirador y era capaz de los trucos de cazar bestias. Así que me uní a la Fuerza Espacial nada más salir de la escuela secundaria. Crecí en una zona rural de Génesis donde no había mucho que hacer, y eso me impulsó a entrar en el ejército. Y aquí estoy. Afortunadamente, no parece que vaya a tener que aplicar las habilidades de mis armas en la Tierra".

William se detiene con una pregunta: "Basta de hablar de mí. ¿Qué has hecho para ser seleccionado para una misión interestelar?

Lilly dice: "Bueno, mi especialidad es la auditoría, y no solo estamos hablando del dinero en términos de dólares del Consorcio 67..."

William interrumpe: "¿Qué quieres decir? Pensé que la auditoría tenía que ver con el dinero".

Lilly lo corrige: "No, la auditoría no se trata solo de los libros. Las auditorías gubernamentales revisan las operaciones, la ética, etc. En particular, mi grupo de auditoría supervisa las actividades de gestión y los controles internos de la entidad. Fue la modificación de los gatos para tener computadoras orgánicas lo que hizo que mi supervisor se interesara en esta misión. Tenía algunas conexiones previas con Sybart, y en una reunión sobre tecnología de punta, surgió el tema de los seres de inteligencia artificial. Sybart y mi supervisor decidieron que mi capacidad para investigar entidades gubernamentales interestelares encajaría perfectamente en esta misión".

William comenta: "Entonces, el gobierno quiere controlar las actividades de los cyborgs después de ese conflicto en el Planeta 500".

Lilly reconoce: "Sí, fue una situación muy mala. Nos gustaría relacionarnos objetivamente de manera pacífica con cualquier ser con el que entremos en contacto en nuestras interacciones interestelares. Los cyborgs querían controlar a la humanidad en un juego de todo o nada. El gobierno de Consortium67 definitivamente no quiere que nada se salga de control con computadoras orgánicas en gatos o cualquier otra bestia".

Lilly añade: "Con respecto a los números utilizados en los libros de contabilidad, siempre he sobresalido en matemáticas desde mis primeros recuerdos. Me metí en la auditación de la manera tradicional como un medio para aprovechar mis habilidades matemáticas. Estudiaba contabilidad en la universidad insignia de Génesis. Una de mis clases fue sobre auditación. Me gustó mucho y me fue bastante bien. Mis profesores me canalizaron hacia cursos avanzados de auditoría y una maestría en contabilidad. La oficina de contabilidad del gobierno tenía una vacante, que tomé al graduarme de la universidad. He realizado varias tareas de auditoría, y poco a poco me he transformado en hacer auditorías de operaciones. Por lo tanto, yo era un buen candidato para esta misión. Ahora es el momento de dormir un poco antes del espionaje de mañana. Tú, Matilde, deberías descansar.

Matilda maúlla y ocupa una cama con Sally en el área de carga.

Lunes

El lunes por la mañana, William y Lilly cambian de forma humana. Se ponen sus trajes de motociclista y cargan a los felinos en mochilas. Prometen tener una comunicación segura con los gatos durante la próxima semana y llevarlos en sus motocicletas a un lugar de grupo turístico. Al igual que la semana anterior, William y Lilly dejan a Matilda y Sally cerca de la Casa Blanca sin problemas. En el último minuto, fuera de cualquier control de seguridad, hacen que los gatos se camuflen y se mezclen con un grupo de turistas cercanos. Por lo tanto, los gatos se las arreglan para colarse en la Casa Blanca con el grupo de turistas. El equipo de Consortium67 regresa en moto a su lanzadera. Comprueban que la zona de aterrizaje está despejada y no hay nadie cerca, y luego cargan las motos en la lanzadera. Una vez dentro, William abre su smartphone y comienza a leer su última novela.

—¿Es bueno el libro? Lilly le pregunta a William.

William responde: "La novela es bastante interesante. Lo descargué de una fuente de la biblioteca en línea de Earth. El título es Robinson Crusoe. Tenemos tiempo. Eche un vistazo al material de la biblioteca en línea de Internet. El único problema para leer algo es que tengo que hacer que mi smartphone traduzca del inglés al idioma de Consortium67. Algunas de las traducciones parecen un poco extrañas. Echa un vistazo al dialecto en un resumen de Internet antes de elegir el libro. Ya sabes, es como si intentáramos interpretar el inglés a través de nuestro software de traducción en el traje de cambio de forma".

Lilly comenta: "Bueno, mientras estemos aquí, supongo que investigaré algo de la literatura de la Tierra".

Lilly comienza a buscar y encuentra un libro para ocupar su tiempo: *Orgullo y prejuicio de Jane Austen.* Lilly queda inmediatamente cautivada por la novela romántica.

El tiempo pasa rápido leyendo sus libros, y regresan a la luna esa noche.

Una vez dentro de la Casa Blanca, los gatos se separan del grupo de turistas. Los gatos han marcado previamente un territorio con su olor, y cada gato regresa a sus áreas de responsabilidad. Es un día tranquilo porque el presidente está fuera de la ciudad.

Después de que la jornada laboral termina sin incidentes para Matilda, los gatos se reúnen en el pasillo. Matilda le comenta a Sally: "Hoy no vi nada importante. ¿Lo hiciste?

Sally responde: "No, no noté nada digno de ser reportado".

Van a la cocina para participar en algunas de las sobras de la cena. Luego, los gatos se instalan en el mismo espacio de estantería apartado que usaron la semana pasada. Excepto por el ruido ocasional de la limpieza típica del personal de limpieza, pueden dormir toda la noche.

Martes

Por la mañana, los gatos desayunan mucho en la cocina, dada su experiencia previa cuando no almorzaban. Matilda serpentea por los pasillos que conducen al Despacho Oval. El presidente ha regresado hoy. Matilda se esconde junto a los muebles donde puede observar al presidente y ningún visitante la notaría. Existe la rutina típica de las reuniones sobre política doméstica con una gran pausa para almorzar en otro lugar. Matilda husmea en el escritorio del presidente durante la hora del almuerzo cuando no hay nadie más presente, pero no nota nada significativo.

Sally va a la misma sala de profesores y se sienta encima de una silla vacía. El flujo de información habitual se lleva a cabo junto con un poco de broma personal. La charla aumenta durante la tarde cuando se produce un informe de seguridad sobre un avistamiento de ovnis. Graba en la memoria orgánica de su computadora. Sally señala que no está asociado con su operación o viaje hacia y desde la luna. Sin embargo, tampoco parece haber una amenaza inmediata. Entonces, según las instrucciones, Sally continúa monitoreando el tráfico de la oficina para obtener más detalles.

Matilda y Sally unen fuerzas en la cocina más tarde en el día para recoger sobras. Se está celebrando un banquete y se deja caer al suelo mucha comida, que consumen los gatos. Satisfechos con las sobras, los gatos se escabullen a su escondite y duermen toda la noche.

Miércoles

Al comienzo del día, Matilda y Sally se dirigen a sus puestos. Se ponen cómodos y observan a los humanos hacer su trabajo. Sally nota un aumento en el tráfico sobre ovnis desde ayer. Pero, no hay nuevos detalles diferentes. Es solo la frecuencia de los avistamientos lo que aumenta. Matilde solo ve actividad política, lo que no parece causar excesiva tensión. Al final del día, Matilda y Sally regresan a la cocina, donde ven un ratón.

Matilda telepata: "Vamos a por ese roedor".

Sally comenta en voz baja: "Yo daré un círculo a la derecha y tú irás a la izquierda".

—Sí, y la cacería ha comenzado.

Lo atrapan y devoran al roedor. Sally comenta: "¿Crees que deberíamos esconder los restos?" Matilda señala: "El personal podría sospechar del cadáver".

Sally está de acuerdo: "Ok, tienes razón". Luego, arrastra el cuerpo a un contenedor de basura. Después de limpiar el desorden y hacer una parada en boxes, regresan a su escondite para pasar la noche.

Jueves

Llega otro jueves por la mañana, y Matilda viaja al Despacho Oval desde la cocina. Usando sus marcas olfativas, Sally va a la oficina del personal, donde hay otro informe OVNI que parece significativo. Sally señala las características clave del informe. Una vez más, dentro de la Casa Blanca, Sally no es capaz de comunicarse inmediatamente con Niemand en la luna. Entonces, Sally recopila la información y espera para consultar con Matilda por la tarde. Durante el día, Matilda señala que hubo un ciberataque que llamó la atención de todos. El ataque parece originarse en el planeta Tierra y se resuelve un par de horas después. Después del trabajo, los gatos regresan a la cocina y pasan la noche en su escondite habitual detrás de los electrodomésticos.

Durante la noche, William y Lilly toman el transbordador en modo sigiloso y viajan de la luna a la Tierra. William y Lilly aterrizan en la Tierra en un parque en preparación para recoger a sus gatos el viernes. William le dice a Lilly: "Tenemos algo de tiempo libre. Usted ha realizado trabajos de auditoría anteriores en la sede de IMG. ¿Cómo se compara esta expedición con otras?

Lilly comenta: "Usted sabe que al IMG no le gusta difundir información sobre este tipo de operaciones. Sin embargo, como habrás notado, esta expedición va bastante bien. La prueba estará en el pudín cuando regresemos a Génesis y obtengamos la opinión de Sybart.

Viernes

El viernes por la mañana, Matilda y Sally se dirigen a sus puestos de observación. Sally está en la oficina del personal cuando aparece un canal de noticias que tiene una historia de ovnis en todos los principales medios de comunicación. La cobertura es del avistamiento de ayer en el que varios aviones tomaron fotografías. Esta no será la primera vez que se reporten ovnis. Sin embargo, este OVNI hace un patrón de vuelo inusual sobre varias ciudades importantes. Sally nota la forma del OVNI porque no es tan diferente de otras naves espaciales interplanetarias. Parece que otra raza alienígena va a tratar de hacer contacto y está reuniendo inteligencia.

Sally se conecta telepáticamente con Matilda: "Tenemos que informar de esto al sistema IMG".

Matilda está de acuerdo. Y se topan con la señal WIFI de emergencia, que genera una alarma en la nave del transbordador.

La alarma de los gatos suena en el panel de mando de la lanzadera. William apaga la alarma y dice: "Algo pasa con los gatos. Vayamos ahora al lugar de recogida habitual y veamos qué está pasando". Se ponen sus trajes de motociclista y cambian de forma humana.

William y Lilly descargan sus motos y se dirigen a la Casa Blanca.

Los gatos salen de la Casa Blanca y se refugian en su escondite habitual. Se desocultan cuando ven que el equipo de Consortium67 se acerca en sus motos. William y Lilly ven a los gatos y detienen las motos. Inspeccionan los alrededores.

"Creo que todo está claro", dice Lilly. Recogen a los gatos y los cargan en las mochilas. Luego, el grupo se dirige a su transporte en el parque. No hay nadie en las inmediaciones. Entonces, cargan rápidamente las motos en la lanzadera y cierran la puerta.

Una vez dentro del transbordador, William le pregunta a Sally: "¿Algo como un OVNI llamó tu atención?"

Sally maúlla un sí.

"De acuerdo, vimos los informes de los medios de comunicación y no parece haber una emergencia inmediata para nosotros", afirma William. "Así que voy a posponer un viaje a la luna hasta esta noche. A pesar de que estaremos encerrados en una sección remota, es posible que nuestros efectos de sonido de despegue se puedan notar en el parque esta tarde. Hay varias personas caminando por el parque, y algunas parecen estar preparando cenas de picnic. Por lo tanto, descargaremos la memoria de la computadora del gato cuando regresemos a la base lunar y prestaremos especial atención a los datos de hoy".

"Estoy de acuerdo contigo", coincide Wanda. "Este no es el momento de correr riesgos innecesarios".

Cuando oscurece, el transbordador despega y regresa sin incidentes a su base lunar.

Capítulo 8:Tienda veterinaria

"Una vez estuve perdido, pero ahora he sido encontrado".

Asombrosa Gracia William Cowper

Llegada el lunes al refugio de mascotas

O El lunes, una persona entra en un refugio de mascotas y dice: "Te llamé antes. Tengo un par de gatos en la parte trasera de mi furgoneta. ¿Puedes ayudar a traerlos?"

La veterinaria de turno es Charlotte. Ella responde: "Está bien, déjame conseguir un par de jaulas y estaré contigo". Charlotte coge las jaulas y sale por la puerta del aparcamiento. Mientras caminan hacia el vehículo, Charlotte se da cuenta del número de matrícula, que le resulta familiar y le pregunta al individuo: "¿Cómo entraste en contacto con los gatos?

"Vi a estos dos gatos deambulando por una intersección", responde. "Era como si estuvieran desorientados. Tengo un gato propio y no podía imaginar que ningún gato fuera atropellado. Así que los cargué en la parte trasera de mi camioneta para llevarlos a este refugio. Puede que no te acuerdes de mí. Soy Harry Breckridge y adopté un gato de su refugio el año pasado.

Charlotte lo mira y le dice: "Oh, sí, te recuerdo. Y no olvides que tu gato necesitará un chequeo anual y vacunas. Si aún no lo ha hecho, asegúrese de programar su visita regular".

Llegan al vehículo y el veterinario observa el comportamiento de los gatos. El veterinario le dice a la persona que trajo a los gatos: "Tienes razón en que los gatos están desorientados. Gracias por traerlos aquí. Les echaremos un vistazo".

Cargan a los gatos en jaulas desde la parte trasera de la furgoneta. Luego, los llevan a la sala de examen, donde los gatos son sacados de las jaulas de transporte y colocados en una de las jaulas más grandes.

Charlotte dice: "Gracias, Harry, por traer a los gatos. Que tengas un buen día". Harry se despide y abandona el refugio de mascotas.

Por supuesto, para cualquier animal nuevo en la tienda, se realiza un escaneo inicial, pero no muestra la presencia de ningún chip de identificación en los gatos. Charlotte decide esperar hasta el día siguiente para hacer un examen exhaustivo de los gatos, pensando que desaparecerán cualquier efecto que puedan tener. Pone un plato de agua en la jaula y sale de la habitación del refugio.

Martes de exámenes

El martes por la mañana, un par de cosas levantan banderas a Charlotte sobre los gatos que fueron traídos ayer. Por lo que parece, primero, un gato parece ser un Maine Coon y el otro es un Ragdoll. Es inusual, pero no imposible, que estas dos razas estén juntas.

Charlotte se pregunta quién tenía estos gatos. Lo segundo que nota la veterinaria del refugio, Charlotte, son los ojos violetas de los gatos. Este color de ojos es diferente al de cualquier raza conocida. Charlotte es veterinaria desde hace ocho años y su refugio tiene un buen flujo de animales a través de las adopciones. Según su procedimiento habitual, ve que los gatos parecen estar en buenas condiciones, sin daños corporales ni desnutrición. Verifica que los gatos hayan sido vacunados. Los gatos tienen evidencia de vacunas. La veterinaria, Charlotte, comprobó ayer si había una placa de identificación incrustada, que no mostraba nada presente en ninguno de los gatos. Ella confirma la búsqueda hoy con otra mirada alrededor de sus cuellos y no encuentra ningún collar. Luego, el veterinario realiza una ecografía y descubre elementos inusuales dentro de los gatos. El veterinario llama por el intercomunicador a su compañera de laboratorio Vicky para obtener su opinión sobre lo que está pasando. Vicky acaba de jubilarse de un laboratorio del gobierno y solo es voluntaria en este refugio de animales para hacer algo.

"Vicky, ¿qué piensas de estos gatos? Nunca antes había visto nada igual. Los colores violetas de los ojos son inusuales. Las ecografías indican la presencia de objetos en sus cuerpos". Charlotte se pregunta en voz alta. "¿Qué tal si tú y yo hacemos una investigación de cuerpo completo con un escaneo detallado?"

Charlotte y Vicky realizan un escaneo corporal de ambos gatos. No hay chip de identificación subcutáneo en ninguna parte de ninguno de los gatos. Sin embargo, descubren la presencia de objetos desconocidos en sus cuerpos, específicamente en las cabezas de los gatos.

"Parece haber un aparato en el costado de la cabeza que se conecta a una estructura en el cerebro", nota Vicky, y se pregunta a partir de su experiencia en el trabajo de laboratorio del gobierno. —¿Crees que se trata de un dispositivo de recopilación de información? El Departamento de Defensa ha investigado perros con implantes, y también otros animales con fines de recopilación de inteligencia".

"También hay una red en la parte posterior que va desde el cerebro hasta la columna vertebral". Charlotte comenta.

Charlotte y Vicky devuelven a los gatos a una jaula.

Vicky dice: "Vayamos a la oficina y consideremos cuál podría ser el contenido de estos gatos. Es posible que tenga a alguien en el gobierno a quien pueda llamar sobre dispositivos de recopilación de inteligencia en gatos y otros animales".

Charlotte está de acuerdo: "Está bien, deberíamos reunirnos en mi oficina más tarde esta tarde".

Los gatos están aturdidos y tardan en recuperarse de la recogida de ayer en el refugio de animales. Cuando los gatos ven que están siendo examinados, esperan para comunicarse hasta que los humanos los hayan vuelto a poner en una jaula y hayan salido del laboratorio para dirigirse a su oficina.

George le hace una señal a Herman: "¿Qué nos ha pasado?"

Herman le responde: "No lo sé. ¿Dónde estamos?

Los gatos miran a su alrededor. George afirma: "Esta sala cuenta con equipo médico. Probablemente estemos en un hospital de animales. Escucho a otros gatos y perros en la habitación de al lado".

"Tenemos que volver a intentar ponernos en contacto con nuestros controladores", sugiere Herman.

Un poco más tarde, cuando la puerta de la oficina se abre hacia el exterior, ambos gatos emiten una llamada de socorro.

El grupo de trabajo de la CIA Consortium67 había regresado a la Tierra el lunes por la noche y el martes por la mañana. Ahora comienzan a barrer un territorio un poco más grande alrededor de la sede de la CIA. Además, a primera hora de la mañana del martes, Wanda se pone en contacto con los clones de la Tierra para que busquen en Internet cualquier señal de sus gatos en Alexandria, Virginia. Aproximadamente una hora después, los clones responden, diciendo que no encontraron ningún informe de gatos inusuales en los centros de rescate de animales. Agradeciéndoles, Wanda les pide que vigilen durante la próxima semana a sus gatos.

Continuando con la búsqueda el martes, Daniel y Wanda están navegando por el norte de Virginia, cerca de Alexandria, en sus motocicletas, cuando Daniel detecta una débil señal de radio de sus gatos. Daniel y Wanda se separan y triangulan en el lugar. A partir de la señal, se dirigen a un refugio de animales e identifican la habitación donde se encuentran los gatos.

Afuera del refugio de animales, Wanda le dice a Daniel: "Vamos a tener que entrar ahí".

Daniel y Wanda se revisan mutuamente para ver que efectivamente han cambiado de forma a forma humana.

Daniel dice: "Pareces una persona perfecta en este mundo".

Wanda responde: "¡Jaja! Tú también, pero no creo que Hollywood te quiera para el cine".

Entran en el refugio. Wanda toca el timbre en el mostrador de servicio anunciando: "Nos gustaría adoptar un gato".

Charlotte llega a la recepción, ya que es la única que queda en el edificio a esa hora del día. "Hola", dice, "voy a cerrar para almorzar en media hora durante el resto del día. ¿Podrías volver mañana?"

"¿Sería posible revisar la selección ahora porque mañana estamos ocupados?" Daniel hace una petición obediente.

"Claro" Charlotte cede, ya que siempre está feliz de que los gatos sean adoptados fuera del refugio.

Daniel y Wanda deambulan a través de las jaulas y luego ven a sus gatos a través de una puerta abierta en una habitación trasera. Wanda se acerca a ellos y los gatos comienzan a ronronear fuertemente.

Wanda llama a Daniel y le expresa: "Vamos a tomar a estos dos porque les gustamos. Los oigo ronronear".

Charlotte pronuncia en voz alta. "Espera un minuto. No quise tenerlos disponibles hoy para su adopción. Estos gatos tienen un ADN inusual y pueden tener cosas dentro de ellos".

"Oh, pero les gustamos". Wanda apela. "Es difícil obtener el consentimiento mutuo".

Charlotte cede: "Está bien". Considera que no siempre es fácil conseguir que se adopte un gato, sobre todo si pueden ser inusuales.

Daniel le pregunta a Charlotte: "¿Cuánto dinero quieres por ellos?"

Da un número. A lo que Daniel abre su billetera y saca dinero en efectivo para la adopción de los gatos y una jaula viajera. Wanda carga a los gatos con cuidado en la jaula mientras se retuercen y pueden tener una reacción de camuflaje en este momento inoportuno.

"Espero que te gusten estos gatos", dice Charlotte. "Son diferentes a la población habitual de aquí. Revisé a estos gatos en busca de signos de enfermedad. Están bien. Sin embargo, debe traerlos regularmente para vacunarlos".

Wanda responde: "Gracias. Por supuesto, pondremos a los gatos en un programa regular de chequeo/vacunación".

Daniel y Wanda salen rápidamente del refugio con los gatos.

"Me alegro de que hayamos sacado a los gatos de ahí", le dice Daniel a Wanda.

Wanda está de acuerdo: "Obviamente, el veterinario había detectado que los gatos son diferentes de los felinos normales de la Tierra. Otro día en ese refugio podría haber provocado un descubrimiento que no queremos".

Los gatos maúllan de acuerdo.

Justo al lado del estacionamiento, hay muchos arbustos y árboles. Wanda y Daniel sacan sus mochilas de los maleteros de las motos. Luego, se agachan al amparo de unos arbustos, donde cargan a los gatos en sus mochilas desde la jaula del refugio de mascotas.

Daniel le dice a Wanda: "Es posible que necesitemos la jaula del veterinario en el futuro. Llevémoslo con nosotros".

Regresan al estacionamiento y colocan la jaula del veterinario en la bicicleta de Daniel. Luego, todos se suben a sus motos. Establecen el destino del mapa GPS para su lanzadera. Sin más preámbulos, se dirigen por la carretera en sus motos hasta su lanzadera. El mapa GPS los lleva a través de la ciudad y por algunas carreteras hasta el parque. Daniel y Wanda llegan con los gatos a su lanzadera encapuchada y, afortunadamente, no hay nadie en las inmediaciones, por lo que pueden ingresar de inmediato a la lanzadera.

Una vez dentro de la lanzadera, Daniel envía un mensaje a Niemand: "Hemos recuperado a los gatos. Sin embargo, los gatos fueron examinados, y es probable que el veterinario notara diferencias con los animales terrestres. Afortunadamente, creemos que el veterinario probablemente no hará nada al respecto porque llegamos a tiempo. Por lo tanto, solo hay una pequeña probabilidad de que el Consorcio67 se haya visto comprometido".

Niemand responde: "Buscaremos cualquier informe y veremos el video de los gatos cuando regresen a la nave espacial en la luna".

Wanda se sienta y sostiene a su gato Herman en su regazo. Ella lo acaricia y le dice: "Estaba tan triste y preocupada cuando pensé que te habíamos perdido".

Herman responde a través de su computadora corporal al teléfono inteligente de Wanda: "Tenía miedo".

Daniel lleva a George con él en el asiento del piloto y le frota la cabeza, diciendo: "George, yo también me alegro de tenerte de vuelta".

George habla con el teléfono inteligente de Daniel a través de la computadora: "Tuvimos problemas para aferrarnos a ese auto que salía de la sede de la CIA y nos caímos cuando estaba haciendo un giro rápido.

Estábamos muy confundidos después de caernos del vehículo. Me alegro de verte".

Por la noche, Daniel y Wanda toman el transbordador de regreso a la base de su nave espacial en la luna.

Capítulo 9:Comunicación del Consorcio67

"Y el plan de Zeus se estaba cumpliendo".

El Homero de la Ilíada

OEn la base lunar al final de la semana, los equipos tienen una reunión sobre la situación de la Casa Blanca en la Tierra. Los gatos de la Casa Blanca informan de la actividad OVNI a sus cuidadores, William y Lilly, quienes reenvían las historias al grupo en general. Niemand coloca canales de noticias regulares en las paredes de la sala de conferencias y habla con el grupo. "Voy a cotejar estos canales de noticias regulares con las historias de gatos".

Nada sobre ovnis aparece en los canales públicos de noticias después de varios minutos de búsqueda. Niemand señala: "Parece que los gatos encontraron algo sobre los ovnis que el gobierno no está informando públicamente".

"¿Qué hay de los otros gatos que han estado en el cuartel general de la CIA?", pregunta Niemand. "Uno de ellos también hizo un informe sobre un avistamiento de ovnis. Ese fue el evento que hizo que salieran de la ubicación de la CIA".

Daniel y Wanda se miran. Wanda comenta: "Tuvimos un incidente en el que George y Herman se perdieron.

Luego, sí los recuperamos. Los gatos de la CIA tienen una grabación OVNI de un barco de la Armada de los EE.UU. frente a la costa del mar Atlántico".

"Necesito consultar con Sybart sobre la situación", anuncia Niemand. "Ya terminamos con esta reunión. Después de purgar los bancos de memoria de los gatos, todos se relajan y toman un descanso".

Entonces, Niemand se pone en contacto con Sybart en la sede de Consortium67.

"Parece haber otra forma de vida alienígena en la Tierra, según un informe de la Casa Blanca", exclama Niemand. "Los gatos en la sede de la CIA también vieron evidencia de un OVNI. Tenemos grabaciones en sus computadoras, que descargamos en nuestro mainframe. ¿Qué datos OVNI recientes con respecto a la Tierra conoce IMG en este momento? —pregunta Niemand.

Sybart responde: "El IMG procesó un informe OVNI durante la semana. No pensé que fuera tan importante contactarlo al respecto. Quizás, algo significativo está pasando. Ha habido demasiadas coincidencias. Deberías pedirle al Capitán Kerwell que ponga tu nave espacial en estado de espera. Dígale que esté listo para despegar hacia la Tierra en cualquier momento. También debe hacer una revisión de mantenimiento en los sistemas de armas. En lugar de informes semanales, debe ponerse en contacto con la sede de IMG para obtener actualizaciones diarias".

Niemand añade: "Además, hubo una complicación adicional con los gatos de la CIA. Desaparecieron después de salir del edificio de la sede. Sus cuidadores, Daniel y Wanda, los buscaron durante dos días y finalmente los rastrearon hasta un refugio de animales. Daniel y Wanda fueron al hospital veterinario y, por así decirlo, adoptaron a los gatos George y Herman. Luego, Daniel y Wanda trajeron a los gatos de regreso al transbordador y fueron transportados de regreso a nuestra nave espacial. El hospital veterinario hizo algunos escáneres y aparentemente notó objetos en los gatos. Sin embargo, no creemos que los gatos hayan sido examinados hasta el punto de comprometer nuestra misión. Las grabaciones de los gatos no indicaron ningún daño para ellos. Miré a los gatos y parecían estar bien. Por lo tanto, estarían disponibles para el trabajo futuro".

—¿Y qué crees que deberíamos hacer? Sybart interviene.

"Primero, enviemos a los gatos de la Casa Blanca de regreso para obtener información confirmatoria", sugiere Niemand. "Con respecto al otro equipo, Daniel y Wanda deberían quedarse en la nave espacial porque sus gatos sufrieron una experiencia traumática. Démosle a ese equipo un tiempo libre para que se relaje y se asegure de que sus gatos estén completamente recuperados. Revisaremos las memorias de sus computadoras en busca de información sobre ovnis. Además, revisaré el incidente de salida de la sede de la CIA para ver si hay algo significativo que afecte el desempeño futuro de esos gatos. Hacer que los gatos salten sobre los parachoques de los vehículos que salen de las instalaciones puede no ser la mejor idea en el futuro. Tal vez los gatos deberían abandonar los terrenos de la CIA por sus propios medios. Tomará más tiempo, pero debería ser más seguro. Después de todo, los gatos de la Casa Blanca son capaces de salir mezclándose con los peatones".

Sybart señala: "Tenga en cuenta que la ubicación de la Casa Blanca se encuentra en una ubicación metropolitana, lo que facilita la salida y el acceso a un punto de recogida seguro. La entrada/salida del cuartel general de la CIA está algo más lejos de cualquier lugar de recogida conveniente. Parece que tienes un buen plan. Hazlo. Y mantenme informado". Sybart luego se despide.

Niemand llama a todos a la sala de conferencias de la nave espacial y les da instrucciones para la próxima semana. "William y Lilly, deben regresar con sus gatos para hacer una investigación más profunda de la información OVNI de la Casa Blanca", ordena. "Daniel y Wanda permanecerán a bordo de esta nave espacial para descansar y recuperar a sus gatos".

Y así, un transbordador IMG despega de la nave espacial en la Luna y se dirige a la Tierra el domingo por la noche. William aterriza en la sección remota del parque de Washington DC, lo que ha demostrado ser apropiado anteriormente. El resto de la noche transcurre sin incidentes leyendo novelas. Los gatos se llenan de comida y duermen toda la noche. El lunes por la mañana, William y Lilly se ponen trajes de moto y comprueban los alrededores cerca del transbordador. Cargan a los gatos en sus mochilas y llevan las motos al centro de la ciudad. El equipo de IMG ve a otro grupo de turistas el lunes por la mañana a punto de entrar en la Casa Blanca. William y Lilly instruyen a sus gatos para que se camuflen y se mezclen con los turistas. Los gatos deben buscar cualquier informe de seguimiento de OVNIs de la semana anterior. Luego, William y Lilly liberan a los gatos para que vayan a su misión.

Mientras tanto, en la luna, Niemand le dice a Kerwell que se reúna con él en el centro de comando de la nave espacial. Niemand dice que tiene órdenes de Sybart. "Kerwell, debes poner esta nave espacial en estado de espera y hacer una revisión regular de armas. Debemos estar listos para saltar a la Tierra en cualquier momento".

"Sabes que el estado de espera consumirá energía y podría aumentar la posibilidad de que cualquier satélite de la Tierra que tenga órbitas geosíncronas que miren hacia la Luna nos detecte", responde Kerwell.

"Sí", reconoce Niemand las consecuencias, pero dice: "No podemos permitirnos el lujo de arriesgarnos a la falta de preparación".

"¿Tal vez deberíamos establecer un enlace a nuestro satélite de vigilancia de la Tierra para buscar características particulares que indiquen la presencia de otra nave espacial alienígena?"

"Sí, reconfigure la red de satélites terrestres de Consortium67 para que se ponga en contacto con nosotros directamente".

"Está bien", dice Kerwell. Recalibra el enlace de red y también ajusta los controles, poniendo la nave espacial IMG en modo de espera.

A continuación, Niemand se reúne con Daniel y Wanda. "Déjame felicitarte por recuperar a tus gatos", dice Niemand en términos positivos.

Wanda reacciona: "Me alegré de recuperar a los gatos".

Daniel habla: "Yo también".

Entonces Niemand comienza: "Sybart piensa que Daniel y Wanda deberían relajarse después de su reciente incidente en la Tierra para descansar y recuperarse. Por favor, asegúrate de pasar también tiempo de calidad con los gatos porque tuvieron una experiencia traumática. Realice algunos diagnósticos en las computadoras de los gatos para asegurarse de que estén funcionando bien. Revise el procedimiento de entrada/salida. Entrar en el cuartel general de la CIA no parece ser un problema. Sin embargo, investiga la experiencia de salida en la que los gatos saltaron a bordo de un vehículo. Probablemente tendremos que hacer que los gatos se vayan, incluso eso será un proceso lento sujeto a que potencialmente estén sujetos a monitoreo electrónico".

Daniel y Wanda llevan a sus gatos a la sala del laboratorio tecnológico. Tanto las computadoras de George como las de Herman se comprueban. Luego, Daniel y Wanda van a sus camarotes con los gatos. Los gatos aprecian un poco de experiencia individual con sus cuidadores durante el resto de la tarde. Ambos se acurrucan con sus compañeros de IMG mientras los acarician. Los cuidadores se relajan con su música favorita en sus teléfonos inteligentes hasta la hora de la cena.

Más tarde, durante la cena en la cafetería, Daniel le dice a Niemand: "Mi gato está bien".

Wanda informa: "Mi gato está bien y no hay problemas con la computadora".

"Es bueno que los gatos estén bien", dice Niemand. "Ahora, ustedes dos deberían tomarse un tiempo libre esta noche. Tómate una copa en el bar de la cafetería. Mira una película en la sala de conferencias o algo así. Hablaré contigo mañana durante las horas de entrenamiento de ejercicio por la mañana".

Capítulo 10: Los gatos regresan a la Casa Blanca

"Empiezo a oler a rata".

Cervantes Don Quixote

Domingo por la noche

C Los alienígenas William y Lilly, con las gatas Matilda y Sally, regresan a su lugar de aterrizaje preferido en Washington DC. parque. Todos tienen un refrigerio a última hora de la noche y los gatos se acurrucan con sus cuidadores. La noche transcurre sin incidentes.

Lunes

El lunes por la mañana, sus cuidadores cargan a Matilda y Sally en mochilas. William y Lilly cambian de forma humana y examinan las inmediaciones. No hay nadie alrededor. Luego, se ponen sus trajes de motociclista y se atan las mochilas. El equipo de Consortium67 se dirige en motocicleta a su lugar favorito para que los gatos se unan a un grupo de turistas de la Casa Blanca. Matilda y Sally se camuflan y se cuelan con los turistas. Una vez dentro de la Casa Blanca, los gatos se escabullen a sus sitios de observación en la Oficina Oval y una sala de situación. Matilda encuentra el Despacho Oval vacío y está tranquila durante todo el día. El presidente debe estar en alguna parte. Por otro lado, Sally encuentra que la sala de situación es muy activa con crisis en todo el mundo. Incluso hubo un reporte de OVNIs sobre la costa este de los Estados Unidos anoche. Sally considera que podría haber sido el transbordador Consortium67, pero la nave no ha sido vista en su modo sigiloso. Además, se informó que este avistamiento de ovnis tenía luces multicolores encendidas, que es algo que las naves del Consorcio 67 nunca harían. Al final de la jornada laboral habitual, Matilda y Sally se retiran a la cocina, donde hacen una parada en un cubo de basura. Todo está tranquilo, con solo un miembro ocasional del personal visitando el refrigerador. Recogen algunas sobras y se recluyen en un rincón de la cocina donde han pasado las noches anteriores.

Martes

Por la mañana, Matilda y Sally cogen algunas sobras en la cocina. Niemand detecta la presencia de una nave espacial alienígena agresiva en el área de Washington DC con un dispositivo electrónico en su satélite IMG. Niemand envía una advertencia a los gatos a través de su conexión a Internet. Matilda y Sally toman nota del mensaje y lo verifican batiendo sus garras una vez la una a la otra. De nuevo, Matilda se dirige al Despacho Oval, donde lo encuentra vacío durante todo el martes. Husmea alrededor del escritorio, pero no nota nada significativo. Sally regresa a la sala de situación, que está ocupada con las comunicaciones típicas sobre política y economía global. Los gatos de la Casa Blanca no encuentran ningún informe de actividad extraterrestre durante el día. Nada sugiere que los extraterrestres estén tratando de desencadenar una crisis mundial. Al final de la tarde, Matilda y Sally regresan a la cocina para acampar por la noche.

Miércoles

El miércoles por la mañana, Matilda y Sally se despiertan con un olor inusual que atribuyen a Hebejebe características alienígenas de un mundo pantanoso según sus computadoras orgánicas. Los gatos siguen el olor hasta un pasillo de oficinas. El personal de la Casa Blanca está viajando de una habitación a otra, pero también hay algo sospechoso que se mueve entre las imágenes humanas. Matilda se mueve por un lado del pasillo y Sally baja por el otro lado. De repente, Matilda se da cuenta de que algo está pasando entre ellos y se abalanza sobre él, yendo a toda velocidad. Lo golpea y extiende sus garras sobre una tela de invisibilidad que cubre la figura, que mide unos cuatro pies de altura. Sally ataca a la figura desde el otro lado, adoptando un enfoque de arriba hacia abajo. Sally se quita la tela con los dientes y corre por el pasillo, arrastrando la capa. Una bestia peluda queda expuesta. El personal de la Casa Blanca en el pasillo grita al ver al extraterrestre. Un agente del Servicio Secreto cree que es un perro. Toma una pistola paralizante y le dispara. Cuando el ser lo hace rodar por el suelo, el personal ve un cinturón con solapas y luces intermitentes. Un destacamento del Servicio Secreto agarra a la bestia. Le quitan el cinturón y ponen al alienígena en una habitación de encierro.

Matilda telepática a Sally: "Hicimos lo que debíamos hacer. Salgamos de la Casa Blanca antes de que nos detecten. Habrá una mayor seguridad".

Sally responde con telepatas: "Sí, salgamos de las instalaciones y llevemos la capa de invisibilidad del alienígena. Tú pones un lado y yo me pongo del otro. No es pesado. Podemos hacerlo".

Entonces, Matilda y Sally escapan fuera de los terrenos de la Casa Blanca, arrastrando la capa en la boca. Matilda hace sonar una alarma en Internet. Cuando Niemand recibe la señal de emergencia, ordena a William y Lilly que tomen su transbordador en modo sigiloso desde la luna hasta el parque de Washington DC, que han estado usando. Ningún terrícola parece estar en las inmediaciones del lugar de aterrizaje. Al aterrizar, William y Lily colocan el transbordador en modo de espera para despegar en cualquier momento. A continuación, William y Lilly cambian de forma y se visten con los trajes de motociclista. Luego, descargan las motos y salen a recoger a Matilda y Sally. William y Lilly son capaces de localizar a Matilda y Sally a través de su señal de socorro por radio. Cuando Matilda y Sally ven el IMG en motocicletas, se esconden detrás de un arbusto y se camuflan. Luego, se acercan al monte para que el equipo de IMG pueda verlos. Cuando el equipo de IMG encuentra a los gatos, Matilda y Sally todavía tienen la capa de invisibilidad del otro alienígena Hebejebe. William y Lilly recogen a los gatos y comienzan a cargarlos en sus mochilas, solo para notar un objeto extra.

"¿Qué tienen ahí los gatos?", pregunta Lilly.

"Le quitamos esta capa a un extraterrestre en la Casa Blanca", responde Matilda.

"¿En serio?", dice William mientras toca la capa, que se siente física pero que pronto aparecerá a simple vista.

Lilly nota la característica de invisibilidad y dice: "Tenemos que tomar esta cosa". Sin embargo, la capa no cabe en una mochila, por lo que Lilly la mete en su chaqueta. Luego le habla a William: "¿Esa cosa está creando un bulto antiestético?"

William responde: "Aplánalo alrededor de tu cintura y mantén tu chaqueta cerrada con cremallera".

William y Lilly regresan en moto a la lanzadera. Entran en la lanzadera y cargan a los gatos en su jaula de seguridad. Lilly apila la capa de invisibilidad alienígena en un compartimento en el suelo de la bodega de carga. Tanto William como Lilly se abrochan los cinturones de seguridad. William pone el transbordador en modo sigiloso y se dirige a la base lunar.

La presencia de otro extraterrestre en la Casa Blanca alarma a Niemand. Le dice al capitán Larry Kerwell que lance la nave espacial desde la luna hacia la Tierra para proporcionar respaldo de cobertura si es necesario para el transbordador Consortium67.

William alcanza la velocidad de escape con el transbordador y está saliendo de la atmósfera de la Tierra. De repente, otra nave espacial aparece en el horizonte y dispara un misil hacia el transbordador de William y Lilly. William esquiva el misil agachándose hacia la atmósfera superior de la Tierra.

"Estamos siendo atacados por una nave alienígena y pueden vernos en nuestro modo sigiloso", dice William a su nave espacial IMG.

"Me pregunto si esa capa de invisibilidad tiene un dispositivo de rastreo". —exclama Lilly—.

William reacciona: "No hay nada que podamos hacer al respecto ahora".

"Gira alrededor de la Tierra de modo que estés fuera de la línea de visión de la nave espacial enemiga". El capitán Kerwell se comunica con William a través de un dispositivo sigiloso. "Me pondré detrás de la nave enemiga y la haré estallar con nuestra pistola de rayos principal".

Kerwell viene de la luna a una órbita cercana a la Tierra y se acerca a la nave enemiga por la retaguardia. El capitán Kerwell le dice a William: "Ahora, sube por encima de la atmósfera y señuelo al enemigo". La nave espacial enemiga muerde el anzuelo y persigue a William. Kerwell se mueve a toda velocidad y sorprende a la nave enemiga con una ráfaga de pistola de rayos en la salida de escape del motor de la nave. La nave espacial enemiga explota en un millón de pedazos en la órbita cercana a la Tierra, haciendo una gran lluvia de meteoritos en el cielo nocturno.

"Ahora, tenemos un gran problema porque el radar de la Tierra habrá visto ese evento de explosión, y también lo hará la gente común que se preguntará sobre una lluvia de meteoros inesperada. Además, está el incidente en la Casa Blanca". Niemand grita: "Kerwell, lleva la nave espacial a una posición orbital estable. William, nos encontraremos con tu lanzadera en este lugar. Todo el mundo mantiene su modo sigiloso activado, y esperemos que la Tierra no sea capaz de rastrear nuestras trayectorias de la forma en que lo hizo la nave alienígena".

Niemand exclama a Kerwell: "¿Detectas alguna otra nave enemiga en este sistema solar?"

Kerwell responde: "Nuestro sistema de detección de naves espaciales no muestra la presencia de ninguna otra nave alienígena. Lamentablemente, nuestra nave espacial o satélite no detectó la nave alienígena en primer lugar, probablemente porque estaba en el otro lado del planeta. Afortunadamente, las estaciones espaciales de la Tierra estaban al otro lado del planeta y no podían vernos volar esa nave alienígena".

El transbordador y la nave espacial se unen con éxito. Luego, la nave espacial regresa al lado oscuro de la luna, donde se ha basado la expedición Consortium67 y está fuera de la línea de visión directa desde la Tierra.

Capítulo 11: De vuelta a la base lunar

"Estar preparados para la guerra es uno de los medios más eficaces para preservar la paz".

George Washington

TLo primero que hace William al aterrizar su transbordador en la nave espacial IMG es correr hacia el capitán Kerwell. William está más allá de la emoción debido al carácter del vuelo del capitán Kerwell. William suelta: "¡Muchas gracias! Me salvaste la vida de ese ataque alienígena".

"¡Kerwell, te mereces un premio!" Lilly exclama también.

Niemand está de acuerdo: "El agradecimiento es bien merecido".

El capitán Kerwell reconoce: "De nada".

A continuación, William y Lilly llevan a sus gatos a la máquina para descargarlos. El video de su computadora de gato los muestra atacando a otro alienígena y quitándole la capa de invisibilidad. Posteriormente, los gatos traen la capa de invisibilidad alienígena fuera de la Casa Blanca, donde finalmente es llevada a la nave espacial IMG. William y Lilly examinan la capa con una máquina espectroscópica. El material de la capa es una de las huellas dactilares de uno de los peores enemigos de Consortium67. Se aseguran de que el dispositivo de señal de radio en la capa se destruya para evitar cualquier descubrimiento futuro del Mundo del Pantano.

Luego, Niemand convoca una reunión de los cuatro miembros del equipo de tierra de IMG en 15 minutos para que Daniel y Wanda se pongan al día sobre la situación para que William y Lilly puedan calmarse. Después de que el grupo se reúne en la sala de conferencias, Niemand les dice y registra en su teléfono inteligente: "Primero, tenemos que hacer un informe de situación para la sede de IMG. A continuación, tenemos que crear un plan de acción para cualquier interacción con la Tierra y las posibles situaciones en las que nos encontremos con otros extraterrestres".

William les dice a todos: "Como ahora saben, nuestros gatos de la Casa Blanca obtuvieron una capa que tenía partículas de ADN de la raza animal HebeJebe del Mundo del Pantano. Los HebeJebes se implantan con computadoras orgánicas y se utilizan con fines de espionaje, lo cual no es diferente de lo que estamos haciendo con nuestros gatos. Plantea la cuestión de si IMG debería seguir utilizando gatos con fines de espionaje en la Tierra y si aumentará el riesgo de exposición de nuestros gatos. En particular, la Casa Blanca podría colocar detectores tipo radar en los pasillos para cotejar con la videovigilancia en busca de personajes sospechosos".

Niemand proporciona más perspectiva: "Además de la situación de nuestra misión en la Tierra, el Mundo del Pantano se encuentra actualmente en un conflicto violento en otro planeta con el Consorcio67".

"Esta situación va mucho más allá de lo que estoy acostumbrada a hacer", le dice Lilly a Niemand. Luego mira alrededor de la habitación a los otros agentes de IMG, quienes asienten con la cabeza.

Niemand concluye: "Siempre es importante saber qué puedes hacer y dónde necesitas ayuda. Llamaré a Sybart a la sede y discutiré la situación. Todo el mundo está despedido y debería relajarse. Convocaré otra reunión después de hablar con Sybart.

Niemand consigue a Sybart, el director de IMG del Consorcio67 en un enlace interestelar. Alerta a Sybart de un problema importante y le dice: "Tenemos una situación en la Tierra que necesita tu liderazgo. Va a tomar un tiempo evaluar el problema y decidir qué hacer al respecto. Déjame repasar lo que ha sucedido durante el día".

"Adelante. Estoy escuchando", responde Sybart.

Niemand comienza: "La situación comienza con el enfrentamiento en la Casa Blanca de un extraterrestre con las gatas Sally y Matilda. A primera hora de la mañana, los gatos olieron a un alienígena que estaba en una lista de enemigos en sus computadoras orgánicas. Así, se activaron para atacar a una figura que se movía en un pasillo. Los gatos le quitaron una capa de invisibilidad al alienígena. Cuando se quita la capa, aparece un alienígena peludo. Un agente del servicio secreto aparentemente piensa que la bestia es un perro desconocido y le dispara con una pistola paralizante. El personal del Servicio Secreto lleva el cuerpo a una sala de seguridad de cierre. Sally y Matilda ven que esto sucede y saben que la seguridad posteriormente barrerá cuidadosamente el edificio y podría encontrarlos. Entonces, Sally y Matilda evacuan al exterior, arrastrando la capa. Luego, logran salir de los terrenos de la Casa Blanca con un grupo de turistas que está saliendo del edificio. Los gatos se arrastran debajo de un banco del parque. Sally activa la alarma de emergencia de Internet WIFI.

"En ese momento, William y Lilly estaban en modo sigiloso en su transbordador en una órbita cercana a la Tierra, investigando informes anteriores de ovnis que los gatos habían transmitido. Al escuchar la emergencia del gato, inmediatamente salen de órbita y aterrizan en una sección remota de un parque de Washington DC que han estado usando. William y Lilly cambian de forma humana y se ponen sus trajes de motociclista. Se suben a sus motos y se dirigen a la ubicación de la alarma de internet WIFI. Afortunadamente, la ubicación del banco del parque no tiene a nadie más sentado allí, y solo hay muy pocas personas en esa calle, y generalmente están a cierta distancia. Al llamar a Sally y Matilda, los gatos se ocultan y se muestran. William y Lilly cargan a los gatos en sus mochilas y meten la pantalla de camuflaje alienígena en una chaqueta. Luego, rápidamente se dirigen a su transbordador y despegan hacia nuestra nave espacial.

"Sin que ellos lo sepan, un vehículo en órbita del Mundo del Pantano rastrea su firma de lanzamiento y potencialmente el dispositivo de camuflaje de su agente. La situación sugiere que había algún tipo de chip RFID en la capa alienígena que la nave espacial Swamp World podría rastrear. Los alienígenas probablemente están enojados porque han perdido el contacto con su agente en tierra, y atribuyen la desaparición a los gatos del transbordador Consortium67. Y así, estos alienígenas disparan un misil, que William esquiva cuando no alcanza por poco el transbordador Consortium67. En este momento, Kerwell saca la nave espacial de la luna y es capaz de determinar la situación. Kerwell le dice a William que se agache en el horizonte y engañe a la nave enemiga. El Capitán Kerwell inmediatamente se pone detrás del alienígena y lo destruye por completo con la pistola de rayos principal IMG. A continuación, Kerwell se reúne con William y carga el transbordador a bordo. La nave Consortium67 regresa al lado oscuro de la Luna".

Niemand le dice además a Sybart: "Hemos confirmado que la capa pertenecía a un HebeJebe, que es utilizado por el Mundo del Pantano. Además, Kerwell revisó el video de la batalla. Dice que la otra nave espacial alienígena encaja con las características de Swamp World.

En este punto, Niemand se detiene y le pregunta a Sybart: "¿Entiendes lo que ha pasado?"

Sybart dice: "Sí, y tenemos un problema serio. La Tierra tiene evidencia de una intrusión alienígena en una alta oficina del gobierno de los Estados Unidos. Aunque la Tierra no sabe que el HebeJebe es del Mundo del Pantano, no importa porque podría haber una futura reacción paranoica a cualquier interacción interestelar. Hay varios resultados posibles de este incidente, y pueden no ser tan buenos para el Consorcio67, dependiendo de qué comunicación, si la hubo, fue a la base de Swamp World desde su nave espacial.

"Primero, supongamos que no se comunicó nada, y ahora la nave espacial Swamp World desaparece. El cuartel general de Swamp World puede pensar que la Tierra derribó su nave espacial. En cuyo caso, podrían enviar una flota a la Tierra para subyugar o destruir el planeta.

En segundo lugar, Swamp World puede tratar la desaparición de su nave espacial como un accidente normal, lo que sucede con las misiones de alto riesgo a otros planetas.

"Una tercera posibilidad es que el agente de Hebejebe en la Tierra haya señalado a través de su nave espacial que el planeta sería un buen aliado o un estado esclavista. Esta información podría haber sido transmitida a la sede de Swamp World".

Sybart declara: "Y ahora que la Tierra tiene uno de los alienígenas HebeJebe. ¿Qué hará la Tierra?

"Podrían revelar la presencia del alienígena en el planeta y, por supuesto, el Mundo del Pantano se enteraría". Sybart especula. "O la Tierra podría esconder al alienígena en el Área 51 o en algún otro lugar similar".

Sybart termina la discusión con: "Necesito consultar con los líderes de Consortium67 y mis grupos de personal. Me pondré en contacto contigo lo antes posible".

Unas horas más tarde, Sybart vuelve a llamar a Niemand y le dice: "La administración del IMG ha decidido que el Consorcio67 preferiría minimizar su huella galáctica y, por lo tanto, no involucrarse con la Tierra. En general, nuestra política es no hacer un contacto inicial con otros planetas hasta que puedan desarrollarse y comunicarse por sí mismos con nosotros en términos mutuamente aceptables. El umbral de interacción generalmente ocurre cuando un planeta desarrolla un viaje interestelar fuera de su propio sistema solar".

"También estamos en medio de un conflicto interestelar con el Mundo del Pantano, que parece no tener un resultado claro en este momento". Sybart señala que estas declaraciones resumen la posición actual de la administración de alto nivel del Consorcio67.

"Es posible que la Tierra pueda proporcionar recursos mercenarios al ejército del Mundo del Pantano, que está escaso de recursos, particularmente pilotos". Sybart especula y comenta. "La Tierra no sabe lo mal que se comporta la cultura del Mundo del Pantano y cómo la Tierra podría ser engañada para unirse a ellos".

Sybart hace una pausa antes de preguntarle a Niemand: "¿Qué piensas de la Tierra con respecto a estos temas?"

"Esta es una pregunta difícil", responde Niemand. "Creo que un tema crítico es que la presencia del alienígena del Mundo del Pantano podría hacer que el gobierno de los Estados Unidos se vuelva paranoico. La mayoría de los informes de ovnis en la Tierra no tienen pruebas contundentes y tienden a ser ignorados o atribuidos a circunstancias electromagnéticas inusuales. Sin embargo, ahora hay evidencia física en la forma de la bestia del Mundo del Pantano. El hecho de que el gobierno de Estados Unidos no haya publicado inmediatamente un informe sugiere que temen las consecuencias".

"Dada la probable paranoia, ¿cómo deberíamos ponernos en contacto con la Tierra acerca de ese alienígena que han encarcelado?" —pregunta Sybart—. "En última instancia, queremos tener una relación positiva, si es que la tenemos, con la Tierra. ¿Quién confiaría en nosotros si llamáramos por teléfono o enviáramos un correo electrónico? ¿Cómo sabría la Tierra que somos los 'buenos'? Después de la captura del alienígena del Mundo del Pantano, definitivamente no queremos que también sea detenido por un período prolongado de tiempo. La presencia del alienígena podría ser revelada a la Tierra, y Swamp World notaría la captura a través del monitoreo electrónico. ¿Qué tal si aterrizamos un transbordador en la ubicación SETI (Búsqueda de Inteligencia Extraterrestre)? Podríamos cambiar de forma por un corto tiempo y solicitar a la gente de SETI que se comunique con el gobierno de los EE. UU. (NORAD) para una reunión cara a cara. Es probable que el gobierno de EE.UU. le crea a SETI, especialmente si les permitimos hacernos una foto con el teléfono celular junto a nuestro transbordador con su antena de fondo".

"Eso podría funcionar", reflexiona Niemand. "Quizás haya otras alternativas. Definitivamente, deberíamos establecer una agenda potencial de antemano. Hablemos de nuestros objetivos y de cómo queremos alcanzarlos. Me pondré en contacto contigo más tarde mañana con un plan".

Capítulo 12: Reunión de seguimiento y contacto

"'Ha llegado el momento', dijo la morsa, 'de hablar de muchas cosas'".

La morsa y el carpintero Lewis Carroll

Niemand se pone en contacto con Sybart al día siguiente del informe de situación anterior sobre el contacto de IMG con la Tierra.

Niemand comienza: "Ok, estoy de vuelta con posibles propósitos de comunicación y tengo un plan para una reunión con los estadounidenses. Los objetivos son los siguientes.

"Consorcio67:

1. Es amistoso.

2. solo está haciendo contacto porque un peligroso alienígena del Mundo del Pantano apareció en la Tierra. Podemos identificar al extraterrestre capturado en la Casa Blanca.

3. Demostrará que el Mundo del Pantano es peligroso para la Tierra llevando a voluntarios estadounidenses a visitar otro planeta que acaba de quedar bajo el control del Mundo del Pantano".

"Estos son los puntos principales que queremos que se cumplan. ¿Cómo vas a conseguir que los estadounidenses acepten este plan?". Sybart comenta con preocupación.

Niemand sugiere, basándose en su valoración de los terrícolas: "Vamos a tener que tener una reunión cara a cara en la que abordemos estos puntos. Deberíamos organizar la reunión pasando por un paso gradual del protocolo a la vez".

Sybart asiente con la cabeza y plantea: "¿Y cómo haremos el primer contacto? Además, ¿por qué los estadounidenses confiarían en Consortium67 en cualquier reunión?"

Dadas las actividades exitosas de los gatos en la Tierra, Niemand ofrece un plan. "Supongamos que conseguimos que uno de los gatos lleve un mensaje de voz para una posible reunión con funcionarios de la Casa Blanca. Luego, el siguiente paso sería un contacto inicial con una reunión satelital virtual con un gato que está allí como una verificación de la realidad. La pandemia de Covid-19 ha popularizado esta forma de comunicación por Internet. Los medios de comunicación actuales de la Tierra indican que todo el mundo está haciendo reuniones satelitales, incluso con sus teléfonos inteligentes. Este enfoque sería menos arriesgado y cuestionable que otras alternativas, como hacer un aterrizaje inicial de uno de nuestros transbordadores en una ubicación SETI para una reunión. Después de que nos pongamos en contacto en la llamada satelital, organizaremos una reunión cara a cara en un lugar adecuado".

Sybart interviene: "Sí, tu plan suena bastante bien. Sin embargo, deberíamos tener un gato que se ponga en contacto con el cuartel general de la CIA. Usemos a los gatos George y Herman, que estaban en la sede de la CIA porque se ven bien según mi video y parecen haberse recuperado de su evento en el refugio de animales. Esos gatos pueden hacer el trabajo de concertar una reunión con un funcionario en el cuartel general de la CIA. Preferiblemente, debemos contactar al director de la CIA para que la comunicación llegue a un alto nivel del gobierno. Los gatos, que visitaron la sede de la CIA, también son la mejor opción porque la seguridad estadounidense ya está aumentada en la Casa Blanca, lo que dificultaría la entrada allí. Y queremos distanciarnos del incidente en el que el agente de Swamp World fue capturado en la Casa Blanca. Además, los gatos ya conocen el cuartel general de la CIA.

"Está bien, estoy de acuerdo". Niemand está de acuerdo. "Crearé un mensaje para que los gatos se lo den a un funcionario de la CIA. Incluirá instrucciones de audio para una reunión virtual por Internet a través de una conexión satelital con uno de los programas de comunicación populares. Haré una grabadora de voz no metálica, que se colocará debajo de sus cuerpos donde no sea muy perceptible o detectable. Emplearemos gatos camuflados, George y Herman, que saben cómo entrar en el cuartel general de la CIA.

Deberíamos enviarlos a ambos para aumentar las posibilidades de establecer contacto con un alto funcionario. Las computadoras orgánicas de nuestros gatos pueden estar impresas con las identidades fotográficas de los funcionarios de la CIA. Luego, los gatos buscarán una coincidencia humana con las imágenes. Nuestra información de fondo indica que el director de la CIA es una buena opción para este contacto. Es una persona que tiene un alto grado de inteligencia y muy buenas habilidades de comunicación. Debido a su experiencia militar, debería manejar un evento sorpresa bastante bien. Cuando el primer gato lo vea, el gato se desocultará y comenzará el audio de la grabadora. ¿Estamos de acuerdo con esto, porque se necesitarán varias horas para configurar el equipo e imprimir a los gatos?"

"Sí, hagámoslo", Sybart autoriza el plan.

Niemand se pone en el intercomunicador de la nave: "Daniel y Wanda, por favor traigan a sus gatos, George y Herman, a la sala de tecnología del laboratorio de computación de la nave espacial. Necesito hablar con ellos".

Entonces, los gatos son traídos y colocados en un banco de herramientas en el taller de máquinas de la sala técnica del laboratorio de computación.

Niemand habla con George y Herman: "Acabas de pasar un momento aterrador en el planeta. Ahora, necesitamos que hagan otra misión a la Tierra porque ustedes son los que están familiarizados con el cuartel general de la CIA. ¿Estás de acuerdo con eso?"

Ambos gatos miran atentos y dan un maullido, que Niemand toma por un sí y les acaricia la cabeza: "Buenos gatitos".

Luego, George envía un mensaje en el teléfono inteligente de Niemand: "La respuesta es sí. Y ahora somos gatos adultos".

Niemand crea collares corporales con un mensaje de audio y coloca uno en George y otro en Herman. A cada uno se le da una impresión en sus computadoras orgánicas con un retrato del director de la CIA, Farnsworth. El primero en hacer contacto iniciará el mensaje de audio al director y se conectará con su chip RFID a Internet. Tras la alerta de Internet, el equipo de Consortium67 enviará una invitación para una reunión de medios de comunicación por satélite al director de la CIA de EE.UU. y el otro gato desaparecerá/escapará fuera del edificio.

Niemand les dice a Daniel y Wanda: "Los gatos están listos. Llévalos a la Tierra".

Daniel y Wanda llevan a los gatos George y Herman en su lanzadera. Viajan a la Tierra en medio de la noche a un parque cerca de la sede de la CIA. Por la mañana, los gatos son cargados en mochilas y conducidos en motocicletas a un lugar lo más cercano posible a una entrada de la CIA. Daniel y Wanda sacan a los gatos de las mochilas y dicen: "Buen viaje". Los gatos maúllan "ok" y se camuflan. Luego, en una puerta, los gatos se suben al parachoques de un camión de reparto cuando reduce la velocidad para ingresar a los terrenos. Los gatos bajan del vehículo en un muelle de carga. Serpentean junto con el personal de conserjería, que está cumpliendo con sus deberes, y se posicionan en el edificio. George está en la oficina central del director de la CIA, y Herman se ubica en una sala de conferencias de uso frecuente.

A media mañana, el jefe de la CIA, John Farnsworth, entra en su despacho.

George reconoce a Farnsworth por la foto impresa. Se quita el camuflaje y saluda a Farnsworth girando sobre su collar: "Hola, este es un mensaje grabado de los visitantes interestelares del Consorcio67. Responda a su teléfono inteligente después de que finalice esta grabación y responda a una invitación por correo electrónico de Internet. Queremos hablar sobre la configuración de una reunión de primer contacto. Solo debería tomar un par de minutos. Este mensaje se puede repetir antes de que se realice la llamada telefónica".

Farnsworth se sorprende ante la presencia del gato. Piensa para sí mismo: *Esto es raro.* Hace un juicio rápido para hacer la reunión, pero pregunta: "¿Podría repetir ese mensaje de nuevo?"

George maúlla una señal de sí y luego vuelve a ejecutar el mensaje.

Mientras el mensaje se repite, el director de la CIA le grita a su secretaria a través de la puerta abierta: "Que la NSA rastree la próxima llamada telefónica que llegue a través de mi teléfono".

Suena el teléfono.

El director lo recoge.

Niemand habla: "Hola, soy Niemand de Consortium67. Es un planeta fuera de su sistema solar. Me gustaría hacer un contacto inicial a través de una reunión vía satélite por Internet, ya que nos dará la mayor capacidad de comunicación y verificación, al tiempo que minimizará el riesgo. Si va a una computadora, inicie sesión como lo hace normalmente, y debería haber una invitación por correo electrónico para una reunión virtual".

"¿Estás de acuerdo con eso?" —pregunta Niemand, esperanzado. "El encabezado del correo electrónico dirá *'Reunión del Consorcio67'.*"

El director responde: "Muy bien, te daré cinco minutos en una reunión virtual. Encenderé mi computadora con una cámara y un micrófono. Tardará un par de minutos en configurarse. Debes darte cuenta de que sospecho de esta llamada, y tendré a mi personal de apoyo monitoreando la situación".

"Me sorprendería que no revisaras la seguridad. Puede esperar esta llamada telefónica para obtener un enlace de respaldo hasta que nos pongamos en contacto en la computadora". Niemand le asegura.

El director de la CIA habilita una cámara, altavoces y micrófono en su computadora. Inicia sesión y, efectivamente, hay un correo electrónico con una invitación a una reunión virtual. El director se une a la reunión en video, tras lo cual ve a Niemand.

Niemand le da la bienvenida al director, diciendo: "Tengo forma humana, pero solo puedo sostenerlo durante aproximadamente una hora. Entonces, comencemos. Consortium67 quiere tener contacto con la Tierra porque uno de nuestros propósitos interestelares es una relación positiva y pacífica con otros mundos. Nos gustaría conocerlo cara a cara en sus instalaciones gubernamentales. En concreto, sugerimos el remoto lugar de Camp David, Maryland, en una tienda de campaña en un espacio abierto. Creemos que esta sería una ubicación relativamente segura y neutral. Tres de nosotros volaremos en un transbordador Consortium67 y aterrizaremos cerca de la tienda. La reunión debe durar aproximadamente media hora. Es posible que le lleve un tiempo resolver algunos de los detalles. Por ejemplo, ¿a quién más en el gobierno quieres en la reunión? De antemano, debes saber que nuestro propósito es que queremos que entiendas nuestra motivación para la reunión y los posibles criterios de interacción. Prepare los términos que desee tener como parte de una discusión para las interacciones".

Niemand hace una pausa y le pregunta al director: "¿Estás de acuerdo con este arreglo?"

"Sí, estoy de acuerdo con la propuesta de reunión", responde el director. "Se necesitará un poco de esfuerzo para configurar esto. Puedo aprobar la ubicación. La carpa sería de color naranja. ¿Qué tan grande es el espacio de aterrizaje que necesitas? ¿Y qué tal mañana por la tarde a las 3:00 PM EST?"

Niemand está de acuerdo: "El transbordador necesita 30 por 50 pies de espacio lejos de la carpa para aterrizar. Nuestro sistema de propulsión no causará daños fuera de esa dimensión. Sí, las 3:00 p. m. EST son aceptables. Nos vemos entonces, y por favor traigan al gato. A menos que tenga alguna otra pregunta, voy a cerrar esta reunión virtual y colgar el teléfono".

"Ok, nos vemos en Camp David", reconoce el director. Farnsworth piensa para sí mismo: *Tengo varias cosas que hacer para que esta reunión suceda, incluida una verificación de antecedentes y una conferencia con la Casa Blanca.*

Niemand abandona la reunión virtual y se desconecta de la conexión a Internet. Exhala: "Al menos superamos el primer paso del plan de contacto".

El segundo gato, Herman, recibe la orden de Niemand de salir camuflado del edificio de la sede de la CIA, lo que hace. El gato hace autostop en el parachoques de un camión de reparto que sale de los terrenos. Herman es capaz de bajarse del vehículo cerca de la cita habitual, a poca distancia de la sede. Herman se quita el camuflaje y envía una señal WIFI. Wanda recibe la alerta y localiza la fuente. Daniel y Wanda van al lugar. Wanda carga a Herman en una mochila y luego viajan en motocicleta de regreso a su lanzadera. Su transbordador regresa en modo sigiloso sin ser detectado hasta la base lunar.

Mientras tanto, el director de la CIA cuelga el teléfono y entrega la computadora a un miembro del personal de seguridad informática. En ese momento, el director ordena: "Quiero saber todo y todo cómo se organizó esa reunión".

"Se hará, y también me pondré en contacto con la NSA y les pediré que comprueben el rastro de su teléfono", responde el personal de TI.

Pensativamente, el director instruye a su personal: "Consíganme un grupo relativamente pequeño, incluyendo a alguien que pueda saber cómo hacer el primer contacto con los extraterrestres. Y quiero una versión atractiva de esta conversación para una presentación por computadora porque tendré que ir a la Casa Blanca y tocarla para el presidente lo antes posible".

El gato en la oficina del director maúlla, lo que atrae su atención.

El director Farnsworth le ordena a su secretaria: "Además, consigue una jaula para el gato con comida, agua y una caja de arena. Puede quedarse en mi oficina esta noche, pero bajo vigilancia. Recogeré la jaula mañana de camino a la Casa Blanca y a la reunión con los extraterrestres".

Capítulo 13: Reunión en la Casa Blanca

"Encuéntrame a solas a la luz de la luna".

José Agustín Wade

Yo Por la mañana, Farnsworth recopila toda la información de la reunión y se le da prioridad para reunirse con el presidente Rosewell.

Rosewell está francamente desconcertado por la información de Rosewell sobre un mundo fuera de nuestro sistema solar. Rosewell expresa sus pensamientos a Farnsworth: "¿Crees que esto es auténtico?"

Farnsworth responde: "Lo verifiqué todo".

Todo parece estar en orden, piensa Rosewell, antes de aprobar la propuesta: "Entonces, creo que tendremos que seguir adelante con una reunión. Farnsworth, deberías liderar la discusión porque ellos vinieron a ti primero".

Se convoca una reunión por la tarde en la Casa Blanca para un consejo de seguridad. También están incluidos el Presidente, el Vicepresidente, el Secretario de Estado, el Secretario de Defensa y el Jefe del Estado Mayor Militar.

El director de la CIA, Farnsworth, comienza diciendo: "Lo que les voy a mostrar es una comunicación con un representante extraterrestre que ocurrió esta mañana. Cualquier información en mi presentación debe ser considerada confidencial para esta sala. Hay posibles consecuencias de pánico público al revelar la siguiente información".

El director de la CIA habla sobre el tema: "Hoy, recibí una invitación grabada proveniente de un dispositivo en un gato que apareció en mi oficina para unirse a un extraterrestre para una reunión de Zoom por Internet. Voy a omitir esa invitación en el gato e ir a la grabación de la reunión de Zoom".

El director realiza la presentación en una pantalla gigante. El director está en una mitad de la pantalla, y el alienígena del Consorcio67 está en la otra mitad. La grabación se reproduce desde el principio hasta el final. El público se queda en silencio hasta que termina la presentación, momento en el que se interrumpe la conversación.

"¡Es esto real!", exclama el secretario de Estado.

"¿Alguna vez hemos tenido contacto con estos seres?", explica el vicepresidente.

"¿Deberíamos concertar una reunión mañana?", se pregunta el Presidente.

"¿Estamos en riesgo de confrontación?", le pregunta el secretario de Defensa al jefe del Estado Mayor militar.

El jefe del Estado Mayor del Ejército responde: "No tenía ni idea de que los extraterrestres fueran reales. Esta es la primera vez que escucho algo sobre Consortium67. Casi la única información OVNI que obtenemos son imágenes en el cielo".

"La presencia de extraterrestres en la Tierra podría causar pánico a escala mundial", proclama el secretario de Estado.

"Ok, tratemos de calmarnos y tener una discusión ordenada", sugiere el director de la CIA.

Continúa con su información previa: "He hecho que un pequeño grupo de estudio considere la situación después de la comunicación de esta mañana. Nadie podría determinar exactamente por qué los extraterrestres quieren iniciar una conversación en este momento, y ese punto debería ser el primer punto de la agenda. Por lo tanto, sus pensamientos y preocupaciones de esta tarde se hacen eco de los de mi grupo de personal".

Farnsworth se expresa sobre un tema clave: "La comunicación no es falsa y se originó en Internet a través de un satélite".

Afirma el director de la CIA. "Por lo tanto, tengo razones para creer que los extraterrestres del Consorcio 67 son reales. La foto de Niemand no coincide con ninguna de las que tenemos en el archivo, lo que indica que se trata de un "primer contacto". Mi gente revisó todos los documentos disponibles y no pudieron encontrar ninguna coincidencia. No tenemos nada en nuestras bases de datos que haga referencia a Consortium67 como planeta. Además, creo que sus características faciales se ven un poco extrañas, lo que apoya la afirmación de que cambió de forma.

"La comunicación de la invitación fue elaborada por expertos, lo que nos da razones para actuar en consecuencia. Por lo tanto, creo que deberíamos planear la celebración de la reunión de Camp David. Mi grupo de estudio recomienda varias cuestiones que deberían debatirse.

"Primero, ¿por qué se está haciendo este contacto en este momento?"

"En segundo lugar, ¿va a haber algún intercambio de valor para fines específicos?"

"Tercero, ¿vamos a tener más contacto y cuáles deberían ser los protocolos?"

"Y como muestra de buena fe, devolveremos a su agente felino. Por cierto, un veterinario escaneó al gato y no encontró patógenos. El gato tenía dispositivos dentro de la cabeza, lo que sugiere que el gato podía monitorear y reenviar grabaciones de eventos. El grupo de estudio llegó a la conclusión de que realmente no tenemos la opción de hablar con los extraterrestres. Las alternativas no son aceptables, sobre todo si nos consideran potencialmente hostiles. Ayer, también se especuló que causaron una explosión masiva en el cielo nocturno, pero con qué fin, no lo sabemos.

¿Estaban estos alienígenas tratando de llamar nuestra atención con una demostración de fuerza?"

"Sí, las noticias de contacto con extraterrestres podrían causar pánico público. En consecuencia, como director de la CIA, propongo que no revelemos esta información a menos que las consecuencias nos obliguen a hacerlo".

El presidente levanta la mano y se esfuerza por finalizar la discusión de acuerdo con los tres puntos mencionados.

Sin embargo, Farnsworth hace un gesto hacia el presidente y le dice: "Si todos estamos de acuerdo con el contenido de la reunión, entonces tenemos un último tema que abordar. Esa pregunta es: '¿Quién quiere ofrecerse como voluntario para participar en una reunión con seres extraterrestres, y no saltar todos a la vez?'"

El silencio que sigue es ensordecedor.

Finalmente, el Presidente toma la palabra. "Claramente, no puedo ir por el riesgo que corre el jefe del Gobierno. Creo que el director de la CIA debería ir porque reconocería al extraterrestre y ellos lo conocerían a él".

El director de la CIA asiente con la cabeza en señal de reconocimiento y dice: "Cuenten conmigo. Sin embargo, querré llevar una pistola en una funda oculta para el hombro con fines de protección".

Luego, el Presidente da la vuelta a la sala de conferencias y dice lo obvio: "Necesitamos a alguien del Departamento de Estado para hacer los preliminares diplomáticos. ¿Qué te parece? Mira al Secretario de Estado.

La secretaria de Estado asiente con la cabeza y acepta.

Continúa el Presidente. "Puede haber implicaciones militares y, por lo tanto, el jefe del Estado Mayor es un candidato obvio. Se vuelve hacia el general: "¿Qué te parece? ¿Estarías dispuesto a participar?"

"Está bien, me ofreceré como voluntario. Guardaré mi pistola en una funda también con fines de protección". El general saluda al Presidente.

El Presidente concluye: "Hemos terminado aquí. Camp David es una base militar. Por lo tanto, el Jefe de Gabinete de la Casa Blanca llamará a las instalaciones, instalará una carpa y ordenará que se despejen las instalaciones interiores apropiadas debido a una "reunión gubernamental de alto nivel". La lona de la tienda debe ser amarilla según la solicitud. Supongamos que los alienígenas traerán como máximo 3 participantes. También contaremos con 3 participantes. Coloque una mesa de 12 pies por 8 pies, junto con 3 sillas en un lado y 3 sillas en el otro. El alienígena parece ser similar a nuestro tamaño. Por lo tanto, las sillas normales deberían estar bien, excepto que las sillas no deben tener brazos porque podrían ser inhibidores. Queremos poder hablar, pero no estar tan cerca como para ser amenazantes. Siga un protocolo de "distanciamiento social" para minimizar cualquier riesgo de contacto. Nosotros deberíamos estar en un extremo de la mesa y ellos deberían estar en el otro. Quiero que todos los participantes se hagan un chequeo médico después de la reunión. Además, mantenga la disposición de la carpa simple porque tendremos que verificar si hay patógenos después donde están sentados los individuos del Consorcio67. Instalar algunas cámaras para que podamos grabar el evento e incluir la llegada de su vehículo espacial. Todos los preparativos deben hacerse antes de las 2:30 p.m., y todos los trabajadores deben estar fuera del área a esa hora".

El Presidente añade: "Con el fin de mantener el contacto en secreto para el público en general, nuestros participantes deben ir a la reunión en una limusina del gobierno con el Vicepresidente, quien tendrá programada una discusión de alto nivel no especificada en un lugar seguro. Usted, el vicepresidente, esperará dentro de un edificio cercano y supervisará la reunión. Transmita el contenido de la reunión a la Casa Blanca porque también estaré pendiente de principio a fin. E infórmeme a través de la reunión de Zoom según sea necesario sobre cualquier actividad inusual".

El Presidente termina la reunión con una nota de advertencia: "Ok, creo que abordamos todos los puntos relevantes de una reunión de primer contacto extraterrestre. Ahora se recuerda a todo el mundo que el contenido de la discusión de hoy es de alto secreto y no debe ser revelado a nadie fuera de este grupo.

Además, no coloque esta información en ninguna computadora que pueda verse comprometida en el futuro. Cuídense todos".

Capítulo 14: Reunión de Camp David

"La política sigue siendo la aventura más grande y honorable".

John Buchan

Un Poco después del almuerzo, una limusina de la Casa Blanca recibe al director de la CIA en el portal de su cuartel general. Tiene una computadora portátil y un maletín. Un ayudante lleva una jaula cubierta con el gato alienígena al vehículo y la coloca en el piso del área de pasajeros. La limusina va a la Casa Blanca. El director sale del vehículo y cierra la puerta. Todo el mundo está en su atuendo normal para la Casa Blanca, excepto que llevan armas, según lo solicitado por motivos de seguridad. Le dice al grupo de la conferencia: "Todos deben estar tranquilos en el viaje a una distancia de escucha de la jaula porque no queremos que se le pase ninguna información al gato. No estamos seguros de si el gato puede grabar sonido, pero no quiero arriesgarme". El grupo se sube a la limusina y viaja sin incidentes a Camp David.

En Camp David, la limusina llega y deja salir al grupo en un edificio cerca de la carpa del lugar de reunión. El vicepresidente lleva su computadora portátil al interior del edificio. El vicepresidente se encuentra con un ayudante que organizó el lugar de la reunión y le dice:

"Vamos a configurar el enlace de la computadora de la conferencia. Coloque una cámara en la esquina de la tienda frente a la zona de aterrizaje y dirija la señal a este edificio. Monta dos cámaras en la tienda. Uno debe mirar hacia nuestro grupo, y el otro debe mirar hacia donde estarían sentados los alienígenas. Encender mi computadora portátil. Mira el video de la carpa. Luego, conecte todo lo relacionado con la reunión virtual a la Casa Blanca a través de un enlace de comunicación seguro".

Un poco más adelante, el ayudante informa a la vicepresidenta: "El montaje está completo. Llevé al gato a la tienda. La conexión de video es buena a través de los enlaces a la Casa Blanca".

Todos los demás, incluido el gato, van a la tienda poco antes de las 3:00 p.m.

A las 3:00 p.m., un transbordador del Consorcio67 llega a la ubicación de Camp David en modo sigiloso desde la luna. Justo en el horizonte, la lanzadera se desenmascara. Niemand ve la tienda y aterriza a 10 metros de ella. Niemand abre la puerta con una rampa de aterrizaje. Él y los miembros de su equipo, Daniel y Wanda, cambian de forma a forma humana. Salen del barco y se dirigen a la tienda, donde se encuentran con el grupo estadounidense.

En la tienda, Niemand se presenta: "Soy Niemand, el comandante del grupo expedicionario del Consorcio67 para esta parte del universo. Mi rango está en el emblema de mi traje. Estos son mis ayudantes, Daniel y Wanda, que son suboficiales del IMG según los emblemas que llevan en los hombros".

El director de la CIA se dice a sí mismo que los individuos del Consorcio67 parecen ser seres humanos normales, de unos seis pies de altura con un físico musculoso y de aspecto saludable. Parecen llevar trajes marrones y no parecen llevar armas.

"Soy el director John Farnsworth de la CIA", como se presenta el director de la CIA. Y luego procede a presentar a los otros dos individuos del gobierno de los Estados Unidos. Señala a su izquierda: "Esta es la secretaria de Estado, Mary Redding". Y luego hace un gesto a su derecha: "Es el jefe del Estado Mayor del Ejército, Rory Johnson. Son funcionarios de alto nivel en el gobierno de los Estados Unidos que pueden tomar decisiones sobre este primer contacto y dirigir las comunicaciones de manera adecuada en el futuro. Sus sillas están en el extremo oeste de la mesa. Tu gato está en el estuche cubierto en la esquina".

Farnsworth hace un gesto al grupo estadounidense hacia el otro lado este de la mesa y dice: "Todos, por favor, siéntense". El partido del gobierno de Estados Unidos se sienta. Y el grupo Consortium67 se sienta en lugares de su lado de la mesa.

Niemand mira alrededor de la mesa y contempla para sí mismo: *Este arreglo es la configuración que yo esperaba.* "Comencemos con por qué nos reunimos contigo", afirma Niemand.

"Sí, es un buen punto de partida", coincide Farnsworth, el director de la CIA.

Niemand inicia la discusión con información del Consorcio67: "Hemos estado monitoreando la Tierra y detectamos que uno de nuestros enemigos estaba sondeando el planeta".

Niemand continúa: "Entonces, se lanzó una misión para investigar la situación. Sospechamos que la razón de la otra incursión alienígena es que pueden querer que la Tierra proporcione recursos y mercenarios militares para nuestro enemigo, y no queremos que eso suceda. Lo que acabo de decir resume la razón general de esta conferencia".

"Ok, puedo entender tu razón para hacer el primer contacto con la Tierra." Farnsworth lo reconoce.

"La causa específica de esta discusión es su reciente descubrimiento de un alienígena del Mundo del Pantano en la Casa Blanca. Ese alienígena no es de nuestro sistema". Niemand informa.

"¿Cómo sabes que un extraterrestre fue capturado en la Casa Blanca?", exclama el director de la CIA, Farnsworth.

"Uno de nuestros agentes felinos estaba en la Casa Blanca y olió al otro alienígena. De hecho, había dos de nuestros gatos que estaban presentes en ese momento. Los gatos localizaron al alienígena en un gran pasillo. Nadie podía ver a ese alienígena porque estaba camuflado. Los gatos saltaron sobre el alienígena. Le quitaron el dispositivo de camuflaje al alienígena y se lo llevaron. Por lo tanto, su seguridad vio al alienígena y pudo dispararle una pistola Taser, lo que lo aturdió. Luego, su gente colocó al alienígena en una habitación cerrada con llave hasta el presente", explica Niemand.

"Sí, es cierto que estamos reteniendo a un ser inusual en una de nuestras salas de seguridad. Entonces, ¿por qué el Servicio Secreto no vio a tus gatos cuando atacaron al otro alienígena?", pregunta Farnsworth, queriendo saber.

Niemand explica: "Nuestros gatos pueden entrar en modo de camuflaje, y no los detectarías fácilmente. Usted sabe que esto es cierto porque uno de los gatos apareció en la oficina del director de la CIA aparentemente sin explicación.

"Me preguntaba cómo había llegado ese gato a mi oficina. Y nadie de mi equipo podía explicarlo".

"Ahora te mostraré una demostración de la capacidad del gato". Niemand luego se vuelve hacia Daniel y le dice: "Daniel, muéstrales el gato de camuflaje".

Daniel se acerca y levanta la cubierta de la jaula del gato. Le habla a su gato: "George, camuflázate". Y el gato parece desaparecer en la jaula a medida que se aleja del entorno. Las personas en la reunión están esencialmente mirando directamente a través del gato, como uno mira a través de una ventana. Después de un minuto más o menos, Daniel le dice al gato: "Está bien, puedes apagar el camuflaje". George vuelve a la visibilidad.

Hubo un jadeo y una conmoción entre los terrícolas durante este evento.

Farnsworth exclama: "Bueno, eso explica el contacto en mi oficina".

Niemand afirma: "Puedo decir que no esperaban esto, y a partir de este momento, no utilizaremos a los operativos de gatos en su propiedad del gobierno". Niemand expresa la posición de IMG: "Necesitamos su confianza. Es cierto que camuflamos a los operativos cuando estamos investigando inicialmente otros planetas. De esa manera, nadie sabría que estamos buscando. Como puede suponer, la aparición de nuestro personal del Consorcio67 podría causar pánico en otros mundos, y tratamos de minimizar cualquier problema. El descubrimiento de lo desconocido puede ser aterrador.

"Para ganarme su respeto y establecer buenas relaciones, tengo una idea. ¿Qué tal si un par de voluntarios presencian la situación interestelar de primera mano con respecto a los otros alienígenas de Swamp World?", plantea Niemand.

"¿Qué tienes en mente?", pregunta Farnsworth.

Niemand genera un plan: "Dos personas con entrenamiento de astronauta podrían acompañarnos a un planeta que acaba de quedar bajo el control de Swamp World. Podían ser testigos de su comportamiento despiadado y de su daño. Por supuesto, tendré que aclararlo con la administración de Consortium67. Y su gobierno tendrá que hacer que su administración apruebe el viaje interestelar de unas dos semanas y encontrar dos voluntarios".

Farnsworth mira a los otros representantes del gobierno y ellos asienten con la cabeza. "Muy bien", le dice Farnsworth a Niemand, "danos 5 días para aprobar la acción y conseguir voluntarios. ¿Cuándo y cómo volveremos a hablar?

"Planeemos hacer una reunión por Internet dentro de cinco días. Le enviaremos una invitación por correo electrónico por Internet como la que hicimos anteriormente". Niemand propone y ofrece. —¿Y hay algo más que quieras preguntar en este momento?

Rory Johnson pregunta: "Mencionaste que la aparición de individuos del Consorcio67 podría causar pánico en otros mundos además de la Tierra. Como ha demostrado esta reunión, creo que somos capaces de manejar su presencia. Entonces, ¿cómo se ven realmente ustedes, los seres del Consorcio67?

Niemand le ordena a Wanda: "Muéstrales tu estado natural, Wanda".

Wanda dice: "¿Por qué yo?" Luego, se pone de pie y cambia de forma en su cuerpo de Consortium67. Es verde y tiene una apariencia de lagarto de piel dura con ojos rojos y una boca de aspecto agresivo con colmillos.

Todos los terrícolas se encogen en sus sillas, lo que refleja la preocupación de que Wanda sea una depredadora. Después de un minuto, Wanda vuelve a cambiar de forma a una mujer pelirroja terrícola sorprendentemente hermosa. Wanda se queja: "¿No es como si la humanidad y el Consorcio67 fueran carnívoros? Los dos somos versiones diferentes de carnívoros".

Farnsworth dice: "Ok, de ahora en adelante, por favor, mantengan la forma humana cambiada en nuestra presencia. Definitivamente hay otros en la Tierra que estarían aterrorizados al ver la forma básica de las entidades del Consorcio67. Como mínimo, la existencia de Consortium67 debería permanecer en secreto por ahora. Buscaremos su reunión virtual por Internet en cinco días".

Niemand dice: "Eso funciona para mí. Asegúrese de decirles a sus voluntarios que traigan ropa de caza apropiada para temperaturas moderadas similares a las de la Tierra que se mezclen con el follaje mayormente verde. También deben llevar su atuendo de entrenamiento atlético para usarlo en el gimnasio de la nave espacial". Los alienígenas del Consorcio67 recogen a su gato y salen de la tienda hacia su lanzadera. Suben a bordo de la lanzadera y despegan.

Farnsworth, Johnson y Redding salen de la tienda y se dirigen al edificio cercano para buscar al vicepresidente con el fin de regresar a la Casa Blanca.

En la limusina, Farnsworth capta la atención de todos con una declaración: "Fue toda una experiencia, y me alegro de que tengamos una grabación de audio y video del evento".

Luego, hace un gesto de la mano sobre la boca para pedir silencio. En ese momento, Farnsworth da la orden: "Vayamos a una habitación segura en la Casa Blanca donde podamos discutir la situación". Y así, el viaje de regreso a la Casa Blanca transcurre en silencio.

De vuelta a la Base Lunar del Consorcio67

El transbordador viaja a la base lunar y entra en la nave espacial. Antes de salir del transbordador, Niemand pide a todos que vayan a la sala de conferencias. Niemand suena en el intercomunicador para que William y Lilly también vayan a la sala de conferencias.

En la sala de conferencias, Niemand comenta: "Creo que la reunión con los terrícolas fue aceptable de acuerdo con nuestros objetivos. Y recuperamos a nuestro gato Herman, ¡Ja, ja, ja! A menos que alguien tenga algún otro comentario, tengo que llamar a Sybart para obtener la aprobación de los voluntarios de la Tierra que visitan otro planeta viajando en nuestra nave espacial".

—Entonces, George, ¿te trataron como es debido? —le pregunta Niemand al gato.

George da un maullido, que Niemand toma por un sí.

A continuación, Niemand llama a Sybart y le hace un resumen de la reunión de hoy con el gobierno de Estados Unidos. Niemand termina con: "¿Tenemos la aprobación para llevar voluntarios estadounidenses a Ugly Planet, que recientemente Swamp World ha hecho un desastre?"

Sybart responde: "Este es un gran riesgo. Pero estamos entre la espada y la pared. Por lo tanto, tiene la aprobación de la sede del Consorcio67 para el viaje".

De vuelta en el Despacho Oval de la Casa Blanca

Farnsworth resume la reunión del grupo con el presidente en el Despacho Oval de la Casa Blanca y luego dice: "¿Les cree y qué cree que deberíamos hacer?".

Redding comienza con: "Ese gato que desaparece explica cómo el Servicio Secreto vio a la otra bestia en la Casa Blanca y le disparó con una pistola Taser. La hembra que cambia de forma me convenció de que no son de esta Tierra. En cuanto a qué hacer con esta situación, no estoy seguro".

Johnson interviene: "Nuestra seguridad puede estar en riesgo. Sin embargo, quiero más pruebas antes de que creamos que Consortium67 son los "buenos". Si podemos conseguir voluntarios, entonces recomiendo que echemos un vistazo a la historia de Consortium67".

El vicepresidente está de acuerdo con Johnson: "Necesitamos mejores datos sobre la situación interestelar. En este momento, Consortium67 es nuestra única fuente de información. Va a ser un reto encontrar dos voluntarios que puedan hacer viajes interestelares con un problema mucho menos problemático de que el proceso de búsqueda pueda filtrarse al público".

El presidente concluye: "Hagámoslo. A los efectos de la protección en el futuro en cualquier reunión con los alienígenas del Consorcio67, Farnsworth, debe seguir usando la pistola oculta en un hostler de hombro. Y podría tener a las personas para hacer el trabajo voluntario. Ambos son ex militares que probaron con la NASA pero no encajaron porque están involucrados en un asunto personal que podría haberlos comprometido a ellos y a la agencia. Finalmente terminaron en mi personal de la Casa Blanca. Creo que podríamos contar con ellos para mantener la situación en secreto".

"Y nada de esta conversión debería salir de esta habitación. Con suerte, me pondré en contacto con Farnsworth en breve para saber si tengo los voluntarios. Todos los demás serán informados apropiadamente", dice Rosewell para concluir la reunión.

Capítulo 15: Voluntarios de EE.UU.

"Viajando a través de extraños mares de pensamiento, solo".

William Wordsworth

Hace un año

P Rosewell se reúne con un posible grupo de astronautas de la NASA, entre ellos Julie Barrow y Jack Stone. Rosewell fue elegido unos meses antes. Es un político enérgico al que le gusta visitar el paisaje de su gobierno para entender cómo funciona todo. Es muy extrovertido y ha estado en casi todos los departamentos, teniendo conversaciones a nivel de base con empleados del gobierno. Sus índices de popularidad en las encuestas estaban entonces en su punto más alto porque la población veía a Rosewell como un presidente que iba a hacerse cargo y llevar al país en una dirección positiva.

Por alguna razón, Rosewell entabla una conversación individual con Julie Barrow y Jack Stone, que se desarrolla a lo largo de 15 minutos. Le dan una breve biografía al presidente. Ambos tienen veintitantos años y están bien acondicionados por un riguroso entrenamiento físico. También saben cómo comportarse en situaciones públicas. Julie fue la reina del baile de graduación de la escuela secundaria.

Mientras estaba en la universidad, una agencia le pidió que hiciera un trabajo de modelaje para una revista de moda. Sin embargo, Julie se negó porque decidió que su educación tenía la primera prioridad y le llevaba mucho tiempo para obtener un alto promedio de calificaciones. Jack era un escritor para el periódico de su escuela secundaria y un atleta de atletismo. Continuó en estos deportes en la universidad.

El padre de Julie era piloto de la Fuerza Aérea. Desde su adolescencia, él la llevaba a viajes de fin de semana en su avión privado. Así fue como descubrió que tenía talento para volar y más tarde obtuvo su licencia de piloto. Durante la universidad, Julie se especializó en matemáticas y ciencias. Recibió una licenciatura en ingeniería aeroespacial.

Jack también se graduó con una licenciatura en ingeniería aeroespacial y obtuvo una licencia de piloto mientras asistía a la universidad. Había estado interesado en volar cuando era joven y había desarrollado esas habilidades estudiándolas a tiempo parcial durante toda la universidad.

Después de la universidad, tanto Jack como Julie se unieron a la Fuerza Aérea. Era una buena opción porque ambos tenían licencias de piloto. Pasó el tiempo y ambos volaban aviones de la Fuerza Aérea.

Luego, se hizo un anuncio de la NASA de que se buscaban astronautas, y tanto Jack como Julie se postularon. Fueron aceptados y se conocieron durante el programa de formación. Ambos se están desempeñando bien en sus especialidades.

En este punto, Jack le dice al presidente que tanto él como Julie han decidido renunciar al día siguiente. Rosewell pregunta: "¿Por qué? Ambos me parecen excelentes candidatos a astronautas.

Julie responde: "Nos hemos enamorado y no queremos separarnos en futuras misiones. Parece que nuestras especialidades de ingeniería similares nos llevarían a estar en proyectos diferentes".

Rosewell reflexiona y luego dice: "Realmente estoy impresionado por ambos y me gustaría que sus habilidades se emplearan en mi personal de la Casa Blanca. ¿A ambos les gustaría formar parte de mi equipo de asesoramiento científico?"

Jack y Julie se miran y luego hablan simultáneamente: "Sí".

Poco después, Jack y Julie ingresan al personal de la Casa Blanca como asesores en asuntos aéreos y espaciales.

Actualidad

El presidente Rosewell invita a Jack y Julie de su personal al Despacho Oval. Todos están vestidos con atuendos de negocios, por lo que parece una reunión formal. Una vez dentro, ordena cerrar las puertas y comienza: "Creo que hay una situación en la que ambos sois el equipo adecuado para hacer una tarea.

Esto es alto secreto. Debo contar con su acuerdo para que, sea lo que sea que vaya a decirle, nunca podrá salir de esta oficina.

Julie dice: "Está bien, estoy escuchando".

Jack también dice: "Estoy de acuerdo".

"Primero", pregunta Rosewell: "Tengo que preguntarle si se mantiene en buenas condiciones físicas como lo estaba en el programa de astronautas. ¿Lo estás?

Jack responde: "Julie y yo salimos a correr una milla antes del trabajo por la mañana. Hacemos uso del gimnasio local después del trabajo. Hago una gama completa de rutinas de equipos de ejercicio durante aproximadamente media hora. Me parece que reduce el estrés bastante bien. Estoy en tan buena condición física como hace un año".

Julie dice: "Estoy haciendo ejercicio todos los días. También estoy satisfecho con mi condición física con respecto a mi entrenamiento de astronauta. ¿De qué se trata?

El Presidente habla con cuidado: "Justo ayer, tuvimos el primer contacto con extraterrestres de un mundo que llamaron Consorcio67. Dijeron que el contacto inicial era necesario porque estaban preocupados por sus enemigos de otro planeta que intentaban obtener la Tierra como aliados y recursos. Por supuesto, desconfiamos de las afirmaciones de conflictos interestelares, dado que no hemos tenido ningún contacto previo. Así que ahora voy a reproducir una grabación de la reunión de ayer, que el director de la CIA tomó con una cámara corporal que había escondido en el bolsillo de su abrigo de negocios".

La grabación se sucede. Tanto Julie como Jack están atónitos.

Julie comenta: "Eso es otra cosa".

Jack comenta: "Nunca hubiera esperado ver cómo se desarrollaba esta situación".

Luego, Rosewell reproduce la grabación específicamente sobre los voluntarios estadounidenses que hacen un viaje interestelar y dice: "Esta situación me hizo pensar en ustedes dos, Jack y Julie. La persona del Consorcio67 quiere dos voluntarios. Debido a su entrenamiento previo como astronauta y su conocimiento científico, creo que tiene lo que se necesita para hacer el trabajo. Además, debido a su relación existente, los dos se apoyarían mutuamente en esta larga excursión por su cuenta en el espacio exterior".

Rosewell presenta una invitación: "En la superficie de las cosas, confío en los alienígenas del Consorcio67. ¿Te interesaría hacer esta misión con ellos?"

Jack se pregunta: "¿Cuánto tiempo quieres que estemos en la nave espacial Consortium67?"

Según la reunión, el presidente recuerda: "Estaban hablando de un viaje de diez días, y un tiempo en un planeta de tal vez dos días. Probablemente tendrías que abordar su nave espacial un día antes".

Julie pregunta: "¿Qué tendríamos que hacer? ¿Cómo reuniríamos las pruebas adecuadas? Nuestras palabras no serán suficientes. ¿Podríamos tomar fotos y llevar un diario en nuestros teléfonos inteligentes o computadoras portátiles?"

Rosewell simpatiza con la naturaleza de las preguntas y dice: "Según tengo entendido, ustedes estarían actuando solo como observadores. Sí, querríamos un registro audiovisual de su viaje. Y habría limitaciones. En particular, usted no sería responsable de ninguna otra representación o negociación con Consortium67. Esto significa que no se negociarán tratados entre EE.UU. y el Consorcio67. Estoy seguro de que podemos conseguir que el grupo Consortium67 rellene cualquier otro espacio en blanco sobre responsabilidades. El negociador del Consorcio67 también indicó que no debe participar en actividades de espionaje sobre su nave durante los viajes espaciales. Creo que eso significa que no puedes intentar comprobar su mecanismo de vuelo interestelar".

Jack da un paso al frente: "Estoy dentro. Suena como una oportunidad única en la vida. Por supuesto, no te voy a presionar, Julie.

Julie responde: "Yo también estoy".

"Muchas gracias", concluye el Presidente: "Está bien, hemos terminado conmigo por ahora. Le conseguiré cualquier otro detalle de viaje cuando esté disponible. Esperaba que estuvieras de acuerdo. Ahora, hay que discutir otros detalles de la misión con el director de la CIA, John Farnsworth, que se encuentra en una de las salas de conferencias de la Casa Blanca. Mi secretaria te llevará allí. Buena suerte en esta misión".

Después de que Jack y Julie se van a la sala de conferencias, el presidente llama al director de la CIA. "Hola, John. Julie Barrow y Jack Stone serán voluntarios para el viaje espacial del Consorcio67, y están en camino hacia ti. La buena noticia es que tienen el material adecuado para el trabajo interplanetario. Forman parte de mi personal de la Casa Blanca, donde trabajan en calidad de asesores aéreos y espaciales. Antes de ocupar sus puestos en la Casa Blanca, eran astronautas en entrenamiento. Asegúrese de hablar de su preocupación por el registro de pruebas y de que no actuarán como embajadores que participen en el desarrollo de tratados. En cuatro días puede decirle a nuestro contacto de Consortium67 que estamos listos para ir con los voluntarios de la misión".

John expresa alivio: "Eso fue más fácil de lo que pensé que sería. Voy a hacer un repaso de la misión con los voluntarios. Y también discutiré cualquier restricción de grabación cuando hable con el contacto de Consortium67".

La secretaria dirige a Julie y Jack a una sala de reuniones de la Casa Blanca. El director de la CIA, Farnsworth, le dice al secretario: "Por favor, salga y cierre la puerta. Hola Julie y Jack. Puedes llamarme John, ya que tendremos una serie de detalles que aclarar y algunos planes que hacer".

Farnsworth comienza: "En primer lugar, permítanme darles las gracias por ser voluntarios. Hablemos de los objetivos de la misión. Los alienígenas del Consorcio67 te llevarán a un planeta que ha sido subyugado por sus enemigos del Mundo del Pantano. Intentarán convencerte de que los seres del Consorcio67 son los "buenos" y las entidades del Mundo del Pantano son los "malos". No podemos anticipar reuniones con ningún otro alienígena de Swamp World en el sitio. Para documentarlo, grabará el planeta en cuestión con cámaras profesionales y sus computadoras portátiles. Hay una cámara para cada uno de ustedes en la mesa. Mi oficina le indicará cómo usarlos y le dará una sesión de práctica. Tenga en cuenta que, cuando regrese, mostrará los videos a altos funcionarios del gobierno. A partir de ahora, Consortium67 y Earth no han identificado cuál será nuestra relación propuesta, incluidos protocolos, tratados, etc. En la periferia y sin que se hable de ello, los alienígenas del Consorcio67 tienen claramente una tecnología sofisticada que nos gustaría conocer. Sin embargo, estaba claro que no se debía espiar a los individuos del Consorcio67 ni a su nave. Haga un diario en sus teléfonos inteligentes y computadoras portátiles de artículos y eventos significativos. Revisaremos sus experiencias cuando regrese".

Farnsworth luego dice: "Hemos terminado ahora, a menos que tenga alguna pregunta. Te alojarás en Camp David hasta la hora de recogida. Un automóvil lo llevará a su residencia y a una expedición de compras para cualquier cosa que considere apropiada. Luego, irá a Camp David. Mi personal le proporcionará una sesión de instrucción para las cámaras".

Julie pregunta: "John, ¿qué tipo y cuánta ropa debemos llevar?"

Farnsworth reflexiona y luego responde: "Buena pregunta. La expedición solo será por un par de días en tierra, más un tiempo de viaje de varios días en cada dirección. Sugiero un business casual para el viaje en su nave espacial. Lleva algo de ropa de ejercicio para hacer ejercicio durante el vuelo espacial. Se supone que el clima del planeta es similar al de la Tierra, por lo que necesitará equipo de caza al aire libre durante varios días en tierra. Si no puedes encontrar nada rápidamente, puedo conseguirte algunos uniformes de camuflaje militar. El entorno prospectivo está muy boscoso y el follaje es principalmente verde. Definitivamente traiga botas de montaña y mochilas para las cámaras. Supongamos temperaturas moderadas en el planeta con follaje verde muy denso. Haga que sus computadoras portátiles descarguen / hagan una copia de seguridad de video todas las noches. Avísele a mi oficina cuando esté listo. Dame tus teléfonos". Farnsworth escribe un número de contacto en sus teléfonos celulares. "Si tiene algún problema inmediato, llame a ese número. La limusina también puede llevarlo a su residencia además del recado de compras, así como transportarlo a Camp David. Esta misión es ser de alto secreto, lo que significa que no debes discutirlo de antemano con nadie más que con las personas que yo designe. Además, es posible que no pueda hablar de ello después, excepto con funcionarios gubernamentales específicos. Estableceremos una historia de tapadera para el viaje de que usted está en una investigación científica en un lugar remoto y no está disponible para la comunicación".

Jack y Julie suenan en voz baja: "Está bien".

Farnsworth añade otro punto: "Los alienígenas del Consorcio67 cambiarán de forma a forma humana mientras estén en tu presencia. Sé cómo se ven en sus rasgos físicos básicos. Definitivamente quieres verlos en forma humana y no en su aspecto básico. No preguntes cómo se ven como personas del Consorcio67. Acordamos esta estipulación en nuestra reunión anterior con ellos. Si accidentalmente los ve en la forma base de Consortium67, diga: 'Disculpe'. Y deberían cambiar de forma a la forma humana".

Julie dice: "En su forma base de Consortium67, ¿tienen un aspecto horrible para los humanos?"

Farnsworth comenta: "Sí".

Entonces Farnsworth dice: "A continuación, tienes que ir al consultorio del médico al final del pasillo. El asociado de Charlie y Jill le hará los exámenes físicos necesarios. Jack verá a Charlie, y Julie verá a Jill. También recibirán vacunas para enfermedades conocidas que existen en la Tierra. Los alienígenas del Consorcio67 también han estado en la Tierra, y podemos suponer que han sido inoculados con la protección contra las enfermedades de la Tierra, pero tenemos que abordar todas las posibilidades".

Una hora más tarde, los médicos declaran a Jack y Julie que gozan de excelente salud y que han sido vacunados contra una amplia gama de enfermedades. Los médicos llaman a Farnsworth y certifican que Jack y Julie están listos para irse.

Farnsworth se encuentra con Jack y Julie en el consultorio del médico y les dice: "Están aprobados. Un coche te está esperando afuera".

"¡Buen viaje!", expresa Farnsworth. "Espero verte cuando regreses".

Jack le dice a Farnsworth: "Estábamos trabajando en algunos proyectos. ¿Hablará con nuestro supervisor? Durante los próximos días, podemos trabajar de forma remota en Camp David. Justo antes de irnos, ¿podríamos darle un resumen de notas sobre el estado actual del proyecto y lo que hay que hacer cuando regresemos?"

Farnsworth dice: "Técnicamente, no trabajas para la CIA. Así que no puedo hacer una asignación con respecto a usted con respecto a su supervisor. Sin embargo, haré que el vicepresidente te cubra".

Jack concluye: "Está bien. Esta noche, prepararemos nuestra información de trabajo y se la enviaremos por mensaje de texto con un archivo adjunto para el vicepresidente".

Julie dice: "Me alegro de que estemos listos para irnos. Espero que la experiencia sea un éxito. ¡Hasta entonces!".

Jack y Julie se dirigen a hacer algunas compras en su centro comercial favorito. Pueden comprar todas las prendas de vestir que se les recomendaron, además de llevarse varias prendas de su residencia. Así que hacen un viaje a Camp David y encuentran el alojamiento bien. Hacen algo de trabajo remoto en sus trabajos actuales y se acomodan para esperar el viaje mientras practican con sus cámaras.

Capítulo 16: Campamento David

"Viajo ligero..."

Cristóbal Fry

O Al quinto día de la reunión anterior, el director de la CIA, Farnsworth, y los voluntarios Jack y Julie están presentes en un edificio de Camp David.

Jack le dice a Farnsworth: "¿Recibiste mi mensaje de texto sobre la aprobación de nuestra ausencia del trabajo regular?"

Farnsworth responde: "Sí, recibí su mensaje y me comuniqué con el vicepresidente al respecto. Dijo que él se encargaría de eso. No te preocupes. Ambos tendrán trabajo cuando regresen y tal vez algo más".

Eso es algo bueno. No me gustaría tener que explicar ningún punto en blanco en mi historial laboral, piensa Jack.

El tiempo avanza lentamente a lo largo de la tarde hasta las 3:00 p.m., cuando Consortium67 envía una invitación al correo electrónico de Farnsworth. El director de la CIA se conecta a la reunión virtual a través de una computadora de escritorio con un monitor de pantalla grande. Farnsworth se une a la reunión de Internet de Zoom de Consortium67 con Niemand como anfitrión. Un video a pantalla completa muestra el encuentro con los participantes de la Tierra que son Farnsworth y los voluntarios del gobierno de los Estados Unidos.

Niemand saluda al participante de la reunión con: "Buenas tardes, director Farnsworth".

Con la debida consideración, Farnsworth responde: "Buenas tardes a usted desde Camp David. Y como esta es nuestra segunda comunicación. ¿Tienes un título?"

Niemand habla sobre el tema de la diplomacia: "Puedes llamarme Niemand. Soy supervisor en el IMG del Consorcio67. Veo que tienes a otros dos individuos contigo.

Farnsworth los identifica: "Julie Barrow y Jack Stone están presentes. Jack y Julie han accedido a ser voluntarios para un viaje contigo para presenciar la situación interestelar. Ambos han tenido entrenamiento previo como astronautas y deberían ser capaces de viajar al espacio. Simplemente les hicimos un examen médico y los inoculamos contra todas las enfermedades de la Tierra. Supongo que esas inoculaciones son suficientes porque asumimos que los individuos del Consorcio67 han estado en situaciones de contacto con la Tierra".

Niemand reconoce: "Sí, sus inoculaciones están bien. Además, Planet Ugly fue visitado por Consortium67 antes de la adquisición de Swamp World, y no nos detectamos ninguna enfermedad infecciosa. Hablando de enfermedades, Consortium67 está en otro conflicto con Swamp World. Sin embargo, Consortium67 no ha atribuido ninguna enfermedad a Swamp World. Por lo tanto, no es probable que los astronautas estadounidenses se infecten en esta expedición. Sin embargo, debe hacerles a ambos un examen físico completo cuando regresen para estar seguros".

Luego, Jack pregunta por su equipo y ropa: "Cada uno trajo una bolsa de lona con un par de atuendos informales de negocios, trajes de caza al aire libre y botas de montaña. Los trajes de caza tienen diseños de camuflaje que son consistentes con el follaje de América del Norte. También tenemos ropa de ejercicio y zapatos de gimnasia, ya que debemos entender que tienen una sala de ejercicios en su nave espacial. Ambos tenemos cámaras para grabar que están en nuestras mochilas. También traemos nuestros teléfonos inteligentes y una computadora portátil para hacer un diario del viaje. ¿Estás de acuerdo con esta lista de ropa y equipo?"

Julie interviene: "¿Cómo será la calidad del aire para nosotros los humanos? ¿Necesitamos respiradores? ¿Y qué hay de nuestra comida?

Jack sigue con otra pregunta de salud: "De acuerdo con la pregunta anterior, ambos estamos bien porque hemos recibido vacunas/inoculaciones para las condiciones estándar de la Tierra. Pero, ¿vamos a necesitar alguna foto especial para estar en tu nave?

Niemand responde entonces amablemente: "Tomaré cada punto por turno".

Niemand responde primero a las preguntas de Julie: "La calidad del aire en nuestra nave y en el planeta de destino será de las características normales del entorno de la Tierra. No necesitará respiradores. Tenemos una despensa en el barco con comida de la Tierra. La cocina de la cafetería está totalmente automatizada. Cocinará su comida y distribuirá las comidas. Todo lo que tendrás que hacer es seleccionar del menú y elegir una hora para el desayuno, el almuerzo y la cena".

A continuación, Niemand pregunta: "Déjame ver tu equipo de caza al aire libre".

Jack abre la bolsa de lona y saca su chaqueta de caza, camisas, pantalones, sombrero y botas de montaña. Los sostiene frente a la cámara.

Niemand dice: "Apruebo el equipo que es apropiado para nuestra nave, y la ropa para exteriores estará bien en el planeta. La combinación de colores de la prenda de caza es apropiada. Las temperaturas en el planeta generalmente serán de alrededor de cincuenta grados Fahrenheit. Sí, tenemos un gimnasio a bordo de la nave espacial, y se le asignará tiempo en el equipo de ejercicio.

"Una vez más, con respecto a la pregunta de Jack, el equipo del Consorcio67 ha estado en su planeta y ha recibido vacunas estándar. No contrajo ninguna enfermedad, y no anticipamos que usted contraiga ninguna enfermedad de nosotros. El entorno de la nave Consortium67 estuvo expuesto a la atmósfera de la Tierra porque nuestra nave de transbordador visitó el suelo en varios lugares, y notamos cualquier problema a su regreso".

"Finalmente, se le pedirá que no tome fotografías de la tecnología de nuestra nave espacial en la nave. De todos modos, no estarás en la cabina ni en la sala de máquinas. No esperes involucrarte en ninguna actividad diplomática con respecto a los tratados interestelares, porque nada de eso va a suceder en este viaje. Y la discusión sobre el desarrollo de los vuelos interestelares para la Tierra solo sería parte de una conversación a nuestro regreso".

"Supongo que te han informado que el viaje durará unas dos semanas y que estás preparado para ese viaje interestelar". —pregunta Niemand.

"Sí", responden Jack y Julie.

"Si no hay otras preguntas, podemos recogerlo en el mismo lugar donde tuvimos la primera reunión. Querremos el manto de la oscuridad. ¿Son las once de esta noche un buen momento? Niemand sugiere.

Después de recibir un asentimiento con la cabeza de Julie, Jack dice: "Está bien, nos vemos entonces".

Farnsworth y Niemand se despiden y terminan su encuentro por Internet.

Ahora que su equipo y ropa están aprobados, Jack y Julie llenan sus mochilas y bolsas de lona.

Farnsworth expresa su esperanza a los voluntarios: "Buena suerte para ustedes y buen viaje".

Julie dice: "Ok, si todo va bien, nos vemos en dos semanas".

Todo está tranquilo poco antes de las once de la noche, cerca de la tienda de campaña de Camp David. Farnsworth alerta a los voluntarios: "Es hora de irse. Te acompañaré hasta el lugar de aterrizaje".

Jack y Julie colocan sus mochilas con cámaras y computadoras y recogen sus bolsas de lona. Siguen a Farnsworth afuera.

Una lanzadera del Consorcio67 llega al lugar de aterrizaje previamente acordado. Niemand se transforma en forma humana. Se abre una puerta de transporte y Niemand asoma la cabeza. Saluda a Farnsworth, quien responde de manera similar. Niemand hace un gesto a los voluntarios para que suban a la nave. Se llevan bien. Niemand señala a Jack y Julie los asientos de la lanzadera.

Dice: "Coloque su equipaje en los compartimentos al lado de los asientos".

Niemand les indica a Jack y Julie: "Hay cinturones de seguridad en sus sillas. Por favor, póntelos y no te muevas hasta que yo te lo diga. Los pilotos del Consorcio67 no están acostumbrados a volar en la atmósfera y las condiciones meteorológicas de la Tierra. Es posible que haya algunas turbulencias breves en el espacio exterior".

Jack y Julie le toman la palabra a Niemand y se ponen los cinturones de seguridad. Se voltean el uno al otro y levantan el pulgar. Jack le dice a Niemand: "Estamos listos para irnos".

Niemand cierra la puerta exterior de la lanzadera y entra en la zona de la cabina. Cierra la puerta de la cabina. Se sienta en la silla de mando y se va. Una vez en el horizonte, Niemand pone la lanzadera en modo sigiloso. A continuación, activa el piloto automático para encontrarse con la nave espacial Consortium67 en el lado oscuro de la luna. El viaje transcurre sin incidentes.

Capítulo 17: Viaje a un planeta subyugado

"No cruces el puente hasta que llegues a él.

Longfellow

Niemand regresa de la Tierra y se encuentra en el lado oscuro de la Luna con la nave espacial Consortium67. El transbordador entra en su bahía y se estaciona. Cierra la puerta de la bahía e iguala la presión del aire.

Niemand sale de la cabina del transbordador. Se dirige a los voluntarios y anuncia: "Bienvenidos a bordo de la nave espacial interestelar Consortium67. Ahora puedes desabrochar los cinturones de seguridad". Los dirige fuera de la lanzadera, diciendo: "Síganme. Te llevaré a tus aposentos y te daré un recorrido por la nave espacial. Ten en cuenta que el propósito de este viaje es solo observar el comportamiento de Swamp World en lo que llamamos Planeta Feo. Las inspecciones de naves interestelares están prohibidas".

Se bajan de la cubierta del hangar y Niemand cierra la puerta detrás de ellos. Luego, avanzan por un pasillo. Niemand se detiene en la primera puerta a la derecha y dice: "Julie, pon tu mano en la caja en el medio de la puerta". Ella lo hace, y la puerta se abre.

"Julie, ahora la puerta de la habitación solo te reconocerá a ti durante todo el viaje. Si alguien más quiere hablar con usted, debe usar el intercomunicador, que se encuentra a la derecha del marco de la puerta en el exterior del camarote y en otros lugares del barco. Tu intercomunicador en el camarote te avisará cuando alguien quiera hablar contigo". Niemand lo demuestra. Cuando se pulsa el intercomunicador, aparece un menú. Niemand golpea el nombre de Julie en el teclado del panel y dice su nombre: "Julie". El intercomunicador de la habitación también suena para Julie. "El panel de control justo dentro de la puerta activa las luces de la habitación, que puedes ajustar de brillante a suave o apagar cuando quieras que la habitación esté oscura para dormir. El color de las paredes de la habitación también es ajustable a azul, verde, marrón y dorado. IMG ha descubierto que el gris estándar puede ser deprimente para viajes largos, por lo que desarrollamos la decoración ajustable de la habitación. Además, su panel tiene una biblioteca de música, que descargamos de Earth de categorías de música clásica, jazz, country y rock and roll".

Niemand agita la mano por la habitación: "Hay un escritorio con una lámpara y una silla. La cama se puede plegar para ser como un sofá. El armario es lo suficientemente grande para todos tus bolsos. Puede conectar su computadora a la pantalla de pared usando las conexiones en el escritorio. La toma de corriente tiene un adaptador para que pueda cargar su equipo con 120 VCA estándar de EE. UU."

Julie examina la habitación y piensa para sí misma: *Esto es mejor de lo que pensé que sería.*

Niemand pide: "Julie, por favor, coloca tu equipaje en la habitación y continuaremos. Tenga en cuenta que hay un cesto de ropa sucia en la esquina. Limpiará tu ropa y la guardará en el armario encima de la cesta".

Julie dice: "Justo lo que siempre quise en un servicio de habitaciones de hotel de 5 estrellas".

Salen de la habitación de Julie y avanzan por el pasillo.

En la puerta de al lado, Niemand le dice a Jack: "Pon tu mano en el panel de la puerta y repite el proceso que hice con Julie". Jack lo hace. "Fíjate que tu nombre ahora está iluminado en el panel y puedes distinguir fácilmente tu habitación. Guarda tu equipo en la habitación. El mobiliario de una cama, un escritorio con silla y un armario es modesto, pero la silla se ajustará a su cuerpo, lo cual es agradable. A continuación, continuaremos la gira".

Jack cruza la habitación y deja su equipaje en la cama. Se pregunta a sí mismo: *no veo ningún portal de ventana hacia el exterior. ¿Y cómo afectará el viaje interestelar a la gravedad porque no veo ninguna restricción en los muebles?*

Niemand anuncia: "La siguiente parada es la sala de ejercicios. Sígueme. Tomarás el ascensor al final del pasillo y subirás un piso".

Todos suben al ascensor y Niemand le dice a Jack: "Estamos en el segundo piso. Presione el botón tres del ascensor. Y sus privilegios de visita solo se aplican a los pisos dos y tres. Y no intentes volver al hangar del segundo piso porque solo está disponible para el personal del Consorcio67".

El ascensor sube al siguiente piso. Salen en el tercer piso. Niemand ordena a los terrícolas que vayan a la izquierda a la sala de ejercicios y les da la hora en que está disponible para ellos. "Tienes acceso a la sala en horas de la mañana de 9 a 12. El personal del Consorcio67 tiene su tiempo de entrenamiento durante la tarde de 1 a 5. Solo ustedes, los terrícolas, pueden usar la habitación durante el tiempo especificado. El tiempo de ejercicio de la tarde está fuera de sus límites porque el personal del Consorcio67 se ejercitará mientras está en su forma normal.

"Por cierto, el personal del Consorcio67 adoptará forma humana durante el almuerzo y la cena, en horario común y también en las horas de reunión", señala Niemand. "Esto es por cortesía porque los terrícolas definitivamente tienen reacciones adversas a la apariencia física de la base del Consorcio67 de acuerdo con nuestra conferencia anterior y otras situaciones".

Jack reconoce: "Farnsworth nos habló de tu cambio de forma. Estamos listos para decir: 'Discúlpenme si es necesario'".

Niemand sonríe en señal de reconocimiento.

Niemand hace un gesto a través del gimnasio y comenta: "Ahora, como puedes ver, hay una buena variedad de equipos de ejercicio, que incluyen: cintas de correr, bicicletas estáticas, etc. El Consorcio67 y la Tierra comparten características físicas similares de altura y peso. Por lo tanto, debería poder usar el equipo con solo ajustes simples. Hay dos vestuarios en la parte trasera. Julie, tú estás a la derecha, y Jack, tú a la izquierda. Cada uno de ellos tiene duchas".

Julie comenta: "Este gimnasio se ve mejor que cualquiera de nuestros vehículos o estaciones del espacio exterior".

Niemand afirma con orgullo: "Gracias. Fui yo quien se encargó de instalar estas características de gimnasio en la nave espacial Consortium67".

Niemand sale de la sala de ejercicios y señala a los terrícolas a través del pasillo hacia la cafetería / área social. Se acerca a la fila de comida de la cafetería y comenta en la primera parada: "Hay un menú para cada uno de ustedes. Julie, solo presiona tu mano en la pantalla".

El menú aparece con desayuno, almuerzo y cena. Julie toca el almuerzo, que tiene 5 artículos y 2 guarniciones.

"La comida estará preparada y aparecerá en los dispensadores debajo del menú junto con una bandeja. Su nombre parpadeará sobre el dispensador cuando la comida esté lista. Por lo general, se tarda diez minutos en preparar una comida. Cuando has pedido tu comida, tienes un asiento y esperas a que te llamen por tu nombre", explica Niemand. "Por cierto, puedes acceder al menú desde el panel de pared de tu habitación y recibir la comida a través de un robot en tu puerta. Me gusta esa característica porque a veces estoy trabajando horas extras en el centro de mando".

Niemand cierra el menú y se traslada a la siguiente estación, que tiene bebidas. Él los señala, diciendo: "Hay bebidas de la Tierra, incluyendo café, té y refrescos. El sistema modifica el menú de forma rutinaria. Si desea su propia comida o bebida favorita de la Tierra, hable con el panel de pared de la cafetería. En 3 horas, el sistema sintetizador de alimentos podrá proporcionar el artículo".

"Muchas gracias. Agradezco que el menú pueda hacer mis platos favoritos", se expresa feliz Julie.

"La sala de estar está justo al final del pasillo después de la cafetería". Niemand señala hacia adelante. "Siéntate y te presentaré al equipo de Consortium67, que te está esperando aquí para saludarte. Empezando de izquierda a derecha. Están William Iomega, Lily Fairchild, Daniel Paintose y Wanda Galaxy. Les he dado tarjetas de identificación para que sepan con quién están hablando. Todos ustedes usarán la cafetería y pueden sentirse libres de conversar aquí. Hay otro individuo que puedes ver en el barco. El capitán Kerwell es un piloto que se encuentra actualmente en el centro de mando, y es posible que te encuentres con él de vez en cuando.

Niemand le dice al equipo de Consortium67: "Estos son Jack y Julie de la Tierra. Por favor, haga todo lo posible para complacer a nuestros huéspedes".

Niemand concluye: "El tiempo de viaje al Planeta Feo será de unos cuatro días terrestres. Habrá una sesión de planificación el día antes de la visita de reconocimiento de Planet Ugly. En ese momento, les daré los parámetros de la misión cuando estemos en órbita alrededor de la ubicación del planeta de destino. El equipo de Consortium67 me acompañará ahora a tener una reunión en la sala de conferencias de proa. Que tengáis buenas noches, Julie y Jack. Ambos pueden regresar a sus habitaciones ahora. Estoy seguro de que ha sido un día largo".

Jack y Julie toman el ascensor hasta el piso con sus habitaciones. Julie aprieta la mano y abre su camarote. Ella dice: "Esa cama parece que es lo suficientemente grande para dos. Me vendría bien un poco de compañía a estas alturas. ¿Te unirás a mí?"

Jack responde: "Sabes lo mucho que me preocupo por ti. Déjame coger mis cosas". Va a su habitación y luego lleva su equipaje a la habitación de Julie.

Y se quitan la ropa de turista, y ambos se deslizan inmediatamente hacia una noche de sueño.

De vuelta en la cafetería, Niemand y el equipo de Consortium67 salen de la sala y se dirigen a la sala de conferencias, donde toman asiento. Niemand abre una pantalla con el encabezado Planet Ugly Observation Visit.

Niemand cubre los parámetros en un orden estricto: "Esta misión se llevará a cabo bajo el máximo secreto. No queremos ningún contacto con las fuerzas del Mundo del Pantano en el planeta. La última vez que hicimos un reconocimiento en el Planeta Feo, los nativos habían sido hacinados en unos 20 campos de concentración. Haremos un sobrevuelo preliminar del transbordador examinando los posibles sitios para observar. Luego, elegiremos uno y lo transportaremos para verlo. Kerwell pilotará el transbordador hacia el planeta. Daniel y Wanda escoltarán a los terrícolas cuando el equipo esté en tierra. Solo debes acercarte lo suficiente como para que puedan tomar un video. Kerwell permanecerá en el transbordador. Si no hay preguntas, esta reunión ha terminado".

1 día después

Por la mañana, alrededor de las 8 de la mañana, hora del barco, Julie empuja a Jack para despertarlo y le dice: "Vamos a desayunar. Tengo hambre".

Jack se levanta de la cama, se estira y acepta: "Parece una eternidad desde mi última comida".

Se visten y se dirigen a la cafetería, donde se les ofrece un desayuno de 5 estrellas a elegir con huevos, salchichas, tortitas y zumo de naranja.

Jack exclama después: "¡Eso fue genial! Pero ahora, necesito media hora para digerirlo. Entonces, vayamos al salón, y luego, tal vez más tarde, podamos probar las máquinas de ejercicio en el gimnasio".

Julie acepta, y después de una media hora de descanso, entran al gimnasio y se cambian de ropa en sus vestuarios. Luego, comienzan a explorar el equipo de ejercicio.

Jack prueba la cinta de correr. Le comenta a Julie: "Hay una pantalla grande frente a la cinta de correr. Tal vez funcione usando el control remoto en la mesa de al lado". Presiona un botón en el centro y la pantalla se enciende con un menú. A continuación, Jack se desplaza hacia abajo hasta un conjunto de iconos, uno de los cuales es la imagen de un árbol. Golpea ese ícono y el paisaje comienza a moverse en la pantalla. Jack salta en la cinta de correr y golpea otro icono con un reloj. La cinta de correr comienza a moverse. Jack le dice a Julie: "¡Esto es genial!"

Julie está sentada en una bicicleta estática. No hay control remoto, así que simplemente comienza a pedalear y funciona.

Después de hacer ejercicio y ducharse, Jack y Julie se relajan en la sala de conferencias. Tiene un paisaje ondulado en una pared de la habitación con sitios turísticos de la Tierra como el Gran Cañón. Jack está impresionado con la calidad de la imagen y señala: "El video es como si estuviéramos allí a principios de este año. Me recuerda que me gustaría visitar algunos de los parques nacionales cuando regresemos a la Tierra".

A la hora del almuerzo, Jack y Julie disfrutan de un buffet en la cafetería del barco y luego regresan a la sala de conferencias para ver más a fondo los lugares turísticos de la Tierra en la pantalla grande. Ambos ocupan un sofá y se acomodan.

Julie reflexiona: "Fue hace casi dos años que nos conocimos en el programa de astronautas y nos enamoramos. Renunciamos porque no queríamos separarnos en el espacio. Y aquí estamos, los dos en el espacio en un viaje interestelar".

Jack reflexiona además: "Este último año trabajando en el personal de la Casa Blanca nos ha mantenido unidos. He estado pensando en nuestro futuro juntos después de que la actual administración termine su mandato. Y ahora, estar contigo de esta manera me hace pensar en tener una relación permanente cuando regresemos a la Tierra. No quiero que pase nada en lo que no esté contigo".

—¿Como casarse?

"Sí, ¿qué piensas?"

Julie habla: "Nunca me hubiera imaginado una propuesta de matrimonio sobre un viaje interestelar sujeto a un alto riesgo. Pero sí, casémonos cuando volvamos. Tampoco quiero estar sin ti".

El resto de la tarde se pasa con Jack y Julie discutiendo las perspectivas futuras sobre sus carreras, planes de boda y dónde les gustaría ubicarse a su regreso a la Tierra.

Cuando llega la noche, Jack y Julie tienen una cena de celebración de tres platos con ensaladas, filet mignons y postres helados.

Jack comenta: "La comida de la cocina de la nave espacial es excelente y el tiempo de respuesta es muy bueno. Habríamos tenido que esperar dos horas para cualquier restaurante de calidad en Washington D.C."

Julie hace una invitación: "Ahora, vayamos a mi camarote y hagamos el amor".

"Será un placer".

Por la mañana, Julie se vuelve hacia Jack y le dice: "Al menos no nos aburriremos con este viaje espacial".

Jack responde: "Seguramente superará cualquiera de nuestras vacaciones anteriores".

3 días después

La nave espacial Consortium67 llega al Planeta Feo y se esconde detrás de su luna. Se lanza una lanzadera y detecta un campo de prisioneros en una región con mucha forestación. El transbordador regresa con información sobre la posible misión de espionaje.

Niemand reúne al equipo de desembarco de Jack, Julie, Daniel y Wanda en la sala de conferencias para una reunión de planificación con el capitán Kerwell. Niemand aconseja: "Hará que nuestro mejor piloto, el capitán Kerwell, lo lleve y aterrice en un lugar discreto cerca de un sitio de observación".

Julie le pregunta a Niemand: "¿Quieres confirmar que nuestras botas de montaña y nuestro equipo para actividades al aire libre: chaquetas, camisas, pantalones, mochilas y gorras son apropiados?"

Niemand lo aprueba: "Sí, tu ropa de reconocimiento se ve bien".

A continuación, Niemand establece los parámetros de la misión: "La seguridad es lo primero. En ningún momento queremos exponernos a los alienígenas del Mundo del Pantano. De acuerdo con nuestro reconocimiento anterior de Planet Ugly, hay una razón por la que Swamp World ha subyugado el planeta. Tiene una verdura exclusiva de Planet Ugly. Sin embargo, esta planta cruda es peligrosa para los alienígenas del Mundo del Pantano, excepto por el hecho de que produce una droga valiosa para la longevidad del Mundo del Pantano. Entonces, para satisfacer su línea de productos, Swamp World llevó a los nativos a campamentos. Envían equipos de trabajo para cosechar la planta y llevarla de vuelta a las máquinas de la refinería en los campamentos. Los alienígenas del Mundo del Pantano escoltan a los trabajadores hacia y desde los lugares. En los campos, los guardias usan látigos para motivar a los trabajadores esclavos. Disparan a cualquier nativo que intente escapar".

A continuación, Niemand aborda las condiciones de flora y fauna de Planet Ugy: "El follaje de las plantas es muy espeso. Incluso a 5 pies de distancia de otra persona no sería visible para los demás. Por lo tanto, todos deben mantenerse juntos. Iremos durante el día. Habrá bichos, pero tenemos un repelente de insectos. Algunos animales de cuatro patas deambulan por los campos abiertos. Sin embargo, solo comen plantas y, por lo tanto, no son peligrosos, excepto si salen en estampida. No estaremos en el Planeta Feo después del anochecer, y eso es algo bueno porque el video infrarrojo indica la presencia de depredadores carnívoros que deambulan durante la noche. Solo ten cuidado con los animales".

A continuación, Niemand habla de los requisitos de la misión para los terrícolas: "En primer lugar, el personal del Consorcio 67 está a cargo. Tenemos algunas imágenes de reconocimiento para fines de misiones terrestres. El plan es guiarte a través de uno de los pueblos feos demolidos donde puedes tomar videos. Tenga en cuenta que hay cuerpos en descomposición. A continuación, Wanda y Daniel te guiarán a través de un bosque hasta una colina con vistas a un campo donde los nativos están cosechando las plantas y los guardias de Swamp World están observando. Ahora estoy distribuyendo capas de invisibilidad, que deben poner en sus mochilas. Daniel y Wanda se arroparán cuando te acerques al campo. Siga su ejemplo y, por favor, permanezca cerca de ellos para que puedan guiarlo dentro y fuera de la observación. Podrás grabar al menos varias horas de fotos. Y luego, el equipo regresará al transbordador, que volará a esta nave espacial. ¿Alguna pregunta?"

Jack y Julie se miran el uno al otro, pensando: " *Aquí vamos". Este es el gran problema.*

"Al no ver preguntas, todos irán a la cubierta del hangar. Wanda y Daniel les darán a los terrícolas una sesión de práctica con los dispositivos de camuflaje", dice Niemand y señala el ascensor. "Súbete al transbordador y haz la misión. Y manténganse a salvo".

En el hangar, Wanda coloca una capa de invisibilidad sobre Julie. Daniel cubre a Jack.

Julie dice: "Esto es raro. ¿Cómo nos comunicamos?"

Wanda se pone una capa y dice: "Hola, probando uno, dos, tres. Hay un dispositivo de comunicación en un auricular dentro de la capa".

Julie se pone el auricular y reconoce: "Sí, te escucho".

A continuación, Wanda instruye: "Probemos las cámaras. Enciende tu cámara y tómame fotos a través del agujero de la capa. Rebobina el escenario y mira si tienes alguna imagen".

Jack comenta: "Sí, tengo una foto".

Julie dice: "Yo también".

Daniel habla: "Ahora, quítense las capas y pónganlas en sus mochilas. Wanda y yo también tendremos un dispositivo de filtrado en las capas para fines de visualización, además de que tenemos experiencia previa con ellos en situaciones de combate. Por favor, sigan nuestras instrucciones cuando estemos en el terreno".

Todos suben a la lanzadera y se abrochan los cinturones de seguridad.

Kerwell comprueba que todos están a salvo, y luego sale del transbordador de la nave espacial. Pone el transbordador en modo sigiloso y despegan hacia el Planeta Feo.

Capítulo 18: El planeta feo

"Una mala causa siempre será apoyada por malos medios y malos hombres".

Tomás Paine

Un Después de revisar las imágenes de reconocimiento, Niemand y Kerwell seleccionan un lugar de aterrizaje en el Planeta Feo.

Antes de que el Capitán Kerwell (el piloto del Consorcio 67) saque el transbordador de la nave espacial, anuncia al equipo de reconocimiento de Julie, Jack, Daniel y Wanda: "Todos deben colocarse los cinturones de seguridad apretados y asegurar todo el equipaje. La atmósfera de nuestro objetivo Planeta Feo puede incluir turbulencias".

Kerwell entra en modo sigiloso para el viaje a la superficie del planeta y aterriza sin incidentes cerca de una aldea destruida y un proyecto agrícola de Swamp World. Kerwell lanza un pequeño dron que mide solo un pie de largo. Le dice al equipo de reconocimiento: "De acuerdo con el plan de la misión, revisaremos su posible visita con el dron. Una imagen del dron aparece en la pantalla de la pared del transbordador. El dron muestra un pueblo, y al otro lado, hay una colina y un campo de cultivo. El pueblo parece vacío. Nuestro principal objetivo de reconocimiento es que el campo agrícola esté ocupado por los trabajadores del Planeta Feo y los guardias del Mundo del Pantano".

Kerwell da instrucciones: "El equipo debe ir directamente a la aldea y luego a la colina que domina el campo agrícola. A pesar de que estarás oculto de forma invisible, mantente debajo de la cresta porque aún podrías crear un efecto de silueta. Proporcionaré información de audio de las imágenes de drones a Daniel y Wanda mientras el equipo atraviesa el terreno hacia su objetivo".

El grupo de aterrizaje de los terrícolas Jack y Julie y el equipo del Consorcio67 de Daniel y Wanda salen del transbordador e inmediatamente notan un clima fresco. El cielo está nublado. La vida vegetal tiene una variedad de colores verdes y es densa con un olor agradable. Daniel reúne al grupo fuera de la lanzadera.

Daniel habla en voz baja a todos: "Como explicó Niemand en la sesión informativa, la visibilidad es mínima, tal vez de 5 pies, debido al denso follaje verde, que se extiende desde el suelo hasta 20 pies de altura. Viajaremos en una sola línea con Jack y Julie en el medio. Conduciré al grupo en esa dirección hasta el pueblo. Mantente unos dos pasos detrás de la persona que tienes delante para mantener el contacto, pero sin amontonar a nadie. Queremos ser lo más silenciosos posible, coherentes con este entorno. Aplica la protección contra insectos para que no atraigas a los insectos que pululan. Practique pisar el follaje en el suelo con un movimiento lento del talón y los dedos de los pies". Todo el mundo intenta dar un paso.

Daniel examina al grupo y dice: "Está bien. Y allá vamos".

Después de cinco minutos, Jack piensa para sí mismo: *Este terreno y biología no se parecen en nada a ningún otro lugar de la Tierra. El silencio es ensordecedor. Cada paso es un desafío en el que la tierra se hunde sobre mis dedos de los pies. Y mi visibilidad está restringida a la persona líder del Consorcio67 que tengo delante.*

De vez en cuando, Julie se piensa a sí misma: *Estoy muy contenta de haber hecho ejercicio antes de venir aquí, porque mantener el equilibrio es muy difícil debido a las plantas por todas partes. Además, la superficie del suelo es muy irregular debido a la descomposición del denso follaje.*

Periódicamente, Daniel levanta el brazo y detiene al grupo. Revisa las fotos del dron y la dirección del grupo. Kerwell es capaz de mantener el contacto por radio a pesar de que el follaje está bloqueando cualquier vista real. Con la espesura del bosque, no hay puntos de referencia con fines orientativos. Por lo tanto, las instrucciones de Kerwell son necesarias.

En una de las paradas, Julie se vuelve hacia Jack y le susurra: "Me alegro de estos descansos porque llevar la cámara y el equipo es físicamente agotador". Jack asiente con la cabeza.

Un par de horas más tarde, el grupo se detiene para almorzar. Jack habla en voz baja: "Me alegro de que nos detuviéramos, porque me estaba dando mucha hambre atrapando a través de la jungla. Vamos a tomar unas barritas energéticas".

Julie interviene: "Me muero de hambre", mientras come las barritas energéticas y traga de su cantimplora.

Julie le pregunta a Wanda: "Mientras estamos almorzando, ¿te importa si tomo un video del follaje circundante?"

Wanda dice: "Adelante. Simplemente no tomes fotos de los individuos del Consorcio67".

Julie saca su cámara. Se pone de pie y hace una vista de 360 grados.

Jack dice: "No sé qué tan interesante será esa sección de videos. No se puede ver más allá de unos seis pies de distancia debido al espeso follaje. Pero, al menos, les dará a los espectadores una perspectiva de cómo era caminar por el territorio del planeta Feo".

Daniel dice: "Está bien, el almuerzo ha terminado. Estamos casi a punto de alcanzar nuestro primer objetivo. Está a solo cien metros por delante. Vámonos".

Después de la caminata restante a través del bosque, el grupo de observación se acerca al pueblo. En el borde del follaje, Daniel hace un gesto con ambas manos para que se detenga. Saca un dispositivo de su cinturón y escanea el pueblo cercano. Daniel examina el escáner e indica: "No hay señales de ningún ser vivo presente en la ciudad. Sin embargo, quédate cerca de mí y al lado de los edificios. Es posible que Swamp World haya dejado minas antipersonal y/o dispositivos de vigilancia en la aldea".

El equipo de observación cruza un pequeño espacio abierto y se detiene junto a un edificio. El pueblo tiene una calle con escombros a cada lado. Los edificios tienen un piso de altura y no parecen ser muy grandes.

Wanda habla de manera objetiva a Jack y Julie: "Deberían tomar fotos de la calle. Tenga en cuenta que algunos de los edificios tienen cuerpos en las puertas. Trata de capturar el hecho de que los restos tienen agujeros en la cabeza y el torso. Nadie ha enterrado los cuerpos durante al menos un mes. Síguenos por el pueblo lo más rápido posible. Huele horrible y no quiero pasar mucho tiempo aquí. Nos reagruparemos en el bosque al otro lado del pueblo y nos dirigiremos a esa colina. La información de nuestro dron indica que podremos ver los campos agrícolas desde justo debajo de la cresta de la colina. Permanezca en un lado de la calle cerca de los edificios hasta que salgamos del pueblo. Bajo ninguna circunstancia debes cruzar el medio de la carretera porque los guardias de Swamp World podrían haber colocado dispositivos de vigilancia vigilando la aldea".

El grupo avanza en fila india por el costado de la calle. Jack y Julie toman fotos de las ruinas y los cuerpos.

Jack le pregunta a Wanda: "Los cuerpos parecen pequeños. ¿Son todos niños?"

Wanda responde en voz baja: "Supongo que no lo mencionamos antes. Los nativos son lo que ustedes llaman pigmeos en la Tierra. Miden menos de cuatro pies y medio de altura. Notarás la diferencia con respecto a los guardias del Mundo del Pantano, que miden hasta siete pies de altura cuando vemos los campos agrícolas".

En diez minutos, el equipo de observación pasa a través de la aldea hacia el bosque al otro lado de la aldea.

Daniel les recuerda a todos: "Los guardias del Mundo del Pantano son de gatillo fácil, y todos deberían estar en modo silencioso. Por favor, sigue mis gestos si te indico que te detengas y luego cúbrete. Tu socio de Consortium67 ahora te pondrá tus dispositivos de camuflaje".

Los miembros del equipo del Consorcio67 se camuflan primero y luego cubren a Jack y Julie.

Daniel dice: "Debido a que ustedes, Jack y Julie, no están familiarizados con los dispositivos de camuflaje, su compañero del Consorcio67 los dirigirá a lugares para ver/fotografiar el campo y les dará un breve empujón cuando sea el momento de irse. Debes ponerte el auricular, que está en el pequeño bolsillo en el borde de la capa. Entonces, deberías poder escucharme. Tenemos gafas especiales que pueden ver sus capas. Dame un pulgar hacia arriba cuando te pongas el auricular".

Jack y Julie se ponen el auricular y miran a Daniel. Ambos le dan un pulgar hacia arriba.

El equipo sube la colina y luego toma posiciones en el otro lado debajo de la cresta militar detrás del considerable follaje. Luego, se trasladan a posiciones de observación a lo largo del borde de un acantilado rocoso donde pueden grabar videos y no tener sus siluetas visibles contra la cima de la colina. Jack y Julie sacan sus cámaras y meten las lentes a través de una grieta en la capa de invisibilidad. Luego, toman fotografías del gran campo de abajo, que se extiende de un horizonte a otro. Lo que ven les sorprende y les impacta. Los nativos están alineados en una larga fila y están trabajando en el campo cosechando plantas de tres pies de altura, que apilan en canastas que son llevadas por otros nativos hasta el final del campo. Los guardias del Mundo del Pantano están detrás de la línea de trabajadores. De vez en cuando golpean a los nativos con látigos de ocho pies para aparentemente acelerar el ritmo de cualquiera que esté fuera de sincronía con la línea de cosecha. Los látigos parecen tener puntas de metal porque hacen que los nativos sangren después de ser golpeados.

Después de un par de minutos de grabación de video, Daniel les indica a todos que se arrastren de regreso a la colina. Una vez fuera de la vista del campo agrícola, los miembros del Consorcio67 apagan los dispositivos de camuflaje de todos los individuos. En ese momento, les pregunta a Jack y Julie: "¿Tienen suficientes pruebas porque no deberíamos quedarnos mucho tiempo?"

Jack indica: "Sí". Y Julie está de acuerdo: "Está bien".

Daniel entonces dice: "Volvamos a la lanzadera. Sígueme". Daniel los lleva colina abajo y luego a través del bosque. Kerwell ha estado pasando un dron sobre el equipo. En un momento dado, Kerwell envía una advertencia sobre el tráfico en la carretera, y Daniel se detiene antes de la carretera cuando una manada de animales nativos parecidos a caballos irrumpe por la carretera.

Daniel ordena: "Esos animales pueden haber activado los dispositivos de detección del Mundo del Pantano. Hagamos que todos los miembros del equipo vuelvan a vestir a todos y nos movamos rápidamente a través de la carretera hacia el área del bosque al otro lado".

Al encender los dispositivos de camuflaje, Daniel y Wanda se camuflan, y los terrícolas y todos se apresuran a cruzar la carretera. Fue bueno que se camuflaran porque justo después de llegar al otro lado, un vehículo de transporte de Swamp World pasó rugiendo en la carretera, y podría haber estado escaneando un video que habría revelado al grupo de reconocimiento.

"Volvemos a estar al amparo del follaje", dice Daniel. "Entonces, Wanda y yo le quitaremos los dispositivos de camuflaje a Jack y Julie. Entonces, volvamos al transbordador. Sígueme en línea recta como antes".

Dos horas más tarde, llegan de nuevo a la lanzadera y suben a bordo. Kerwell aterriza el dron junto al transbordador. Lleva el dron dentro del transbordador y anuncia: "Todo el mundo debería asegurar sus cámaras en las mochilas y abrocharse los cinturones de seguridad". Kerwell entra en la cabina y toma el transbordador para regresar a la nave espacial. Aterriza el transbordador en la nave espacial Consortium67 sin incidentes. Una vez de vuelta en la nave espacial, el equipo respira aliviado.

Niemand saluda al equipo de observación cuando salen del transbordador y dice: "¿Cómo te fue? ¿Has grabado suficiente vídeo y tienes alguna otra pregunta antes de que volvamos a la Tierra?

"Tenemos un buen video. Ya he visto suficiente de Planet Ugly. Vámonos a casa", dice Jack.

Daniel recoge las capas de invisibilidad, y Jack comenta: "Esas capas de invisibilidad eran impresionantes. ¿Podemos anotarlos en nuestras grabaciones?"

Niemand aparece y dice: "Sí, puedes describir cómo las capas te permitieron ver la situación en el planeta. Sin embargo, son dispositivos secretos propiedad de Consortium67, y no se puede tener ninguna información detallada sobre ellos que permita su fabricación".

"Por cierto, si Niemand está de acuerdo, entonces también puedes tener el video del dron", interviene Kerwell.

Niemand dice: "Sí". Luego pregunta: "Jack y Julie, ¿están satisfechos de que la gente del Mundo del Pantano sean malos?"

"Sí, el reconocimiento me convenció", responde Julie.

"No me gustaría que estuvieran en la Tierra haciendo ese tipo de subyugación", coincide Jack.

Julie luego comenta: "Creo que tenemos suficientes videos que convencerán al gobierno de los EE.UU. de los problemas potenciales de tener alienígenas del Mundo del Pantano en la Tierra. Deberíamos revisar las imágenes de la cámara. ¿Puedes darnos unos minutos para avanzar rápidamente a través de nuestras grabaciones?"

"Ok, échales un vistazo", dice Niemand.

Jack se desplaza por la pantalla a través de la aldea y el campo. "Mis fotos son una buena evidencia, y estoy listo para irme de aquí".

"Mi video también está bien. Vamos a la Tierra", dice Julie.

Niemand comenta: "Me alegro de que hayas acertado a la primera. Salgamos de aquí y regresemos a la Tierra".

En modo sigiloso, Kerwell guía cautelosamente a la nave espacial fuera de la órbita del Planeta Feo y sale de su sistema solar. En este punto, establece el rumbo de la nave espacial en piloto automático para el viaje interestelar de regreso a la Tierra. El piloto automático se activa con éxito para el viaje de varios días.

Capítulo 19: Viaje de regreso y regreso a la Tierra

"No tengo más que una lámpara por la cual mis pies son guiados, y esa es la lámpara de la experiencia".

Patricio Henry

Tiempo de viaje espacial

O En el viaje de regreso, generalmente, Jack y Julie se quedan solos. Nadie cuestiona por qué están acampados juntos en la habitación de Julie. Por lo general, también tienen el desayuno entregado por un robot en la habitación de Julie. Digieren la comida, contemplan lo que ha sucedido en el Planeta Feo y piensan en lo que harán cuando regresen a la Tierra. Luego, usan el equipo de la sala de ejercicios, que les gusta mucho a ambos.

En el segundo día en la sala de ejercicios, Jack expresa su placer en la cinta de correr: "Esto es genial. ¿Viste el video que acompaña el video? Además, la pista se mueve y gira como si estuvieras corriendo en el parque de vuelta a casa. No hay logotipo en ninguna de las máquinas. ¿Tal vez podríamos conseguir que Consortium67 los comercializara en la Tierra?"

"Recuerden lo que se dijo acerca de que no había fotos de la nave espacial. Probablemente también se aplique a su equipo de ejercicio", rechaza Julie la idea.

Ese día, de camino a almorzar, Jack y Julie se encuentran con Kerwell en el pasillo. "Hola, no hemos tenido la oportunidad de hablar. Vamos a almorzar. ¿Te gustaría unirte a nosotros?", pregunta Jack.

"Solo iba a tomar un descanso y algo de beber. Claro, tengo tiempo disponible", responde Kerwell.

Julie y Jack almuerzan y se sientan con Kerwell. Entre bocado y bocado de un sándwich de varias capas, Julie expresa: "Me ha gustado mucho la comida de esta nave espacial".

Kerwell comenta: "En realidad, este barco IMG es de primera línea para nosotros, los individuos del Consorcio67. Echaré de menos esta nave espacial cuando regrese a Génesis para volar nuestras naves regulares".

Jack abre una nueva dirección: "Sabes que tenemos algo en común contigo, Kerwell".

"¿Qué es eso?", dice Kerwell, sorprendido.

"Los tres somos pilotos", responde Julie.

Kerwell entonces dice: "Llámame Larry. He hecho una carrera como piloto de misiones IMG del Consorcio, incluyendo algún tiempo de combate en la fuerza espacial".

Jack da un paso al frente: "Tanto Julie como yo tenemos licencias de piloto para aviones civiles y hemos volado aviones militares. Estuvimos en el programa de astronautas de Estados Unidos y hemos pasado horas en nuestros simuladores de naves espaciales".

Larry comenta: "Desafortunadamente, no puedo mostrarles la cabina de vuelo de esta nave, pero si pudiera, probablemente se sorprenderían de las similitudes que hay entre nuestra consola de comando y las cabinas de control de su nave espacial terrestre".

Larry continúa: "Algunos aspectos de volar son similares, sin importar cuál sea la nave. El despegue suele ser sencillo. Es un reto aterrizar, sobre todo por primera vez en un lugar diferente".

Kerwell está de acuerdo: "Tienes razón en la comparación entre despegues y aterrizajes. Por ejemplo, nuestro reciente aterrizaje en el Planeta Feo requirió toda mi habilidad para llevar el transbordador al suelo dentro de la habitación abierta disponible de ese bosque con esos árboles de veinte pies de altura".

Julie está de acuerdo y comparte su propia experiencia: "Recuerdo la primera vez que aterricé un avión con mi padre en el asiento del copiloto. A pesar de que tenía mucha práctica en el simulador para entonces, fue una experiencia que mi padre me viera aterrizar el avión y rodar hasta nuestra zona de la puerta de embarque".

La conversación continúa después sobre el peligroso comportamiento de los individuos del Mundo del Pantano y, finalmente, los tres se despiden; Fue un tiempo bien empleado.

Posteriormente, todos los días, después de comer en la cafetería, Jack y Julie trabajan para generar una presentación en la sala de conferencias. Julie y Jack también crean un diario con sus computadoras portátiles. Con el tiempo, construyen un paquete de diapositivas que muestra un video de su visita al Planeta Feo. Incluyen anotaciones en la parte inferior de las diapositivas, así como también crean una redacción para un folleto.

Durante un breve descanso de trabajar en la presentación, Jack le dice a Julie: "Deberíamos decidir quién debería ser el orador de la presentación de diapositivas. ¿Quieres presentarlo? Creo que tus habilidades orales son las mejores".

"¿Estás siendo amable conmigo?", pregunta Julie.

"No, creo que lo haces mejor captando la atención del público en todas las charlas que hemos hecho juntos. Además, te ves mejor", halaga Jack.

Julie se acerca a Jack y le da un beso. Al soltar el abrazo, exhala: "Ok, me convenciste. Presentaré y tú serás mi respaldo en caso de que algo salga mal".

Una vez, a la hora del almuerzo, un gato visita una de las máquinas de comida y presiona una palanca. Aparece un plato cargado de comida. Se pone un segundo plato en el suelo con líquido. Niemand asoma la cabeza en la cafetería y dice: "No te preocupes por los gatos. Son amables. Van y vienen para alimentarse a horas intempestivas cuando tienen hambre". El gato se vuelve hacia los terrícolas y da un maullido. Luego, después de consumir el plato de comida, el gato sale de la cafetería por una puerta para gatos. A continuación, aparece un robot de limpieza, recoge los platos y barre la zona.

Julie dice: "Me preguntaba qué estaba pasando con todos los platos que dejamos en la mesa. Ahora, lo sé".

En la tarde del tercer día del viaje de regreso, en la sala de conferencias, Daniel se acerca a ellos y les pregunta: "¿Qué están haciendo y cómo les va?

Jack dice: "Estamos haciendo una presentación de diapositivas de video por computadora para mostrarle al gobierno de los EE. UU. sobre nuestras observaciones sobre el Planeta Feo. Y tenemos una primera versión de borrador. Creo que es una de las mejores presentaciones que he hecho".

Daniel entonces pregunta: "¿Te importa si te veo caminar por la visita del Planeta Feo? Y puedes conectar tu computadora portátil a mi proyector para mostrarlo en esa pared de la sala de conferencias".

Julie mira a Jack, quien asiente con la cabeza, y ella le da la bienvenida: "Siéntate".

Otros miembros del equipo de IMG, Wanda, Lilly y William, escuchan que Daniel es invitado a una presentación y preguntan si pueden verla también. Jack también les da la bienvenida y toman asiento en la sala de conferencias.

Julie comienza la presentación de diapositivas *Planet Ugly Visit* con un breve esquema: "Fuimos reclutados para un viaje interestelar organizado por el Consorcio 67, que es una entidad de una galaxia diferente a la que vivimos. El propósito era ir a un planeta aún diferente, que está bajo el control de los alienígenas del Mundo del Pantano. Íbamos a ser observadores para una evaluación del comportamiento y las políticas de los alienígenas del Mundo del Pantano. No hicimos contacto con ninguno de los seres del otro planeta que se llama Feo. Era obvio que Swamp World había subyugado al Planeta Feo y había convertido a los nativos en esclavos. Ahora lanzaré la presentación de diapositivas con comentarios ocasionales".

Diapositiva 1. Visita al Planeta Feo

"Los presentadores son Jack Stone y Julie Barrow".

Diapositiva 2. Antecedentes de los observadores

"Jack Stone y Julie Barrow son miembros del personal de la Casa Blanca. Ambos eran astronautas en un programa de la NASA. Ambos tienen una licenciatura en ingeniería aeroespacial".

Diapositiva 3. Objetivos de la misión

"Investiga las políticas de los Mundos Pantanosos hacia otros planetas.

"Haz una visita de observación al planeta bajo el control de Swamp World.

"Verifica las declaraciones del Consorcio67 sobre las interacciones interestelares del Mundo del Pantano".

Diapositiva 4. Viaje interestelar en la nave espacial Consortium67 al planeta Ugly.

"Barrow y Stone son pasajeros en un viaje de ida y vuelta de 10 días".

Diapositiva 5. Visita al Planeta Feo

"Aterrizaje sigiloso de lanzadera cerca de una aldea y un campo agrícola".

Imágenes de bosques y follaje

Diapositiva 6. Paseo por el pueblo

Fotos (En general y una casa con cadáveres en una puerta)

Diapositiva 7. Imágenes de la actividad del trabajo esclavo

Diapositiva 8. Planeta Seres feos cosechando

Diapositiva 9. Mundo del pantano torturando al planeta Seres feos

Diapositiva 10. Conclusiones

"El Mundo del Pantano se comporta mal con otro mundo".

"Consortium67 es una entidad interestelar creíble digna de interacción".

Después de la presentación de diapositivas, Jack le pregunta a Daniel: "¿Qué te pareció la presentación?"

"Me pareció bastante bueno", comenta Daniel. "Gracias a Dios que no grabaste a los nativos del Planeta Feo siendo torturados. Como sugerencia, no vi ninguna parte en la que vaya a tener preguntas y tiempo de respuesta. ¿Por qué?

Julie responde: "Después de nuestra presentación inicial, no esperamos que nos inviten a ninguna otra reunión gubernamental de alto nivel cuando regresemos. Por lo tanto, el comentario con las diapositivas será el medio para los funcionarios del gobierno".

"Oh, está bien, ya veo", dice Daniel.

"Ahora dime por qué estás en el IMG". Jack le pregunta a Daniel.

Daniel responde con calma: "Fui reclutado por el IMG. Sabía algo sobre el IMG antes de que vinieran a mí. Uno de mis tíos estaba en el IMG y me contó las aventuras que había tenido. En ese momento, yo era un adolescente y me impresionaron sus historias. Me gustó el principio de tratar de dar a la gente de toda la galaxia la posibilidad de elegir cuándo y cómo interactuar con las entidades interestelares. He permanecido en el IMG porque me gustan mis compañeros de trabajo, y mis experiencias interestelares han sido fantásticas".

"¿Por qué estás en esta misión IMG?" Julie le pregunta a Lilly.

Lilly posa: "Estoy en la rama ejecutiva de contabilidad del gobierno de Génesis. A un costo considerable, el Consorcio67 ha tenido numerosos conflictos con otros enemigos galácticos. Un medio de minimizar esos problemas es la política de tener relaciones amistosas con otros planetas. Sentí un sentido de compromiso de ser parte del equipo que abordaría una relación con el planeta Tierra. También estoy auditando esta misión para el gobierno, que les dice que tratamos de monitorear unidades políticas como el IMG para que funcionen de manera responsable. Debo decir que he apreciado trabajar con ustedes, terrícolas, en lo que definitivamente ha sido un evento único para mí".

Jack se vuelve hacia William: "¿Y tú?"

William saluda: "Entonces, fui reclutado del ejército para completar el equipo y brindar apoyo de combate según sea necesario. En realidad, me alegro de no haber tenido que luchar en esta misión. Ha sido agradable en su mayor parte".

Julie se enfrenta a la última del equipo: "Y eso te deja, Wanda".

Wanda comenta: "Soy asociada de Niemand en IMG, y regularmente hago misiones interestelares del Consorcio67. Este ha sido diferente en la forma en que hemos entrado en contacto con otro mundo, la Tierra. Sin embargo, creo que está funcionando bien, y eso es algo bueno. Me gustó tu presentación. Me alegro de que esté de acuerdo conmigo en ese punto.

Al final de la discusión, el equipo de IMG sale de la sala de conferencias para que Jack y Julie consideren más a fondo su presentación.

Julie dice: "Creo que la presentación fue bien recibida por el grupo de IMG. Me alegro de que el equipo de IMG haya estado de acuerdo con el programa. Creo que deberíamos mencionar el hecho de que se previsualizó en su nave espacial".

Julie está de acuerdo: "Sí, su aprobación será positiva para la aceptación de la presentación de diapositivas".

Un poco más tarde, desde la sala de control en el camino de regreso a la Tierra, Niemand se pone en contacto con Sybart: "El viaje al planeta Ugly fue más o menos como se esperaba. Creo que los observadores terrícolas están convencidos de que los alienígenas del Mundo del Pantano son malos. Hoy, Daniel vio un prototipo de su presentación para su gobierno y dijo que Consortium67 se veía bien y que los alienígenas de Swamp World eran representados como malos personajes. Además de la presentación, tienen otras pruebas en video para mostrar a sus líderes. ¿Qué quieres hacer con las relaciones interestelares con la Tierra?

Sybart considera la situación y dice: "Esta es una situación difícil. Revisemos nuestra política general hacia la interacción con otros sistemas solares. Por lo general, mantenemos un enfoque de "no intervención en el desarrollo de otros planetas" hasta que estén haciendo viajes interestelares. Es apropiado que otros mundos elijan cómo interactúan con entidades de terceros, lo que implica que otras entidades serán constructivas en su apoyo. Los astronautas de la Tierra han viajado al espacio ultraterrestre; sin embargo, ha sido solo en su sistema solar. Nos dimos cuenta de que la Tierra simplemente ha hecho especulaciones sobre extraterrestres y transporte interestelar".

"Por otro lado, estamos en una guerra contenciosa con Swamp World y queremos mantener nuestra ventaja militar. Su espionaje puede impedir una invasión y una adquisición inaceptable de los recursos de la Tierra. Incluso si el Mundo del Pantano no invadiera la Tierra, podría conseguir que la Tierra suministrara recursos militares y personal. Pero, posiblemente porque destruimos el espionaje del Mundo del Pantano, es posible que no regresen. Sobre todo si no saben cómo sucedió".

Sybart concluye: "A fin de cuentas, creo que solo deberíamos tener otra reunión secreta con funcionarios estadounidenses de alto nivel. Vamos a esbozar nuestra política, en particular señalando que la seguridad de la Tierra es importante para todas las partes y que es mejor una relación constructiva que la Tierra pueda justificar. Si el Mundo del Pantano representa una amenaza futura, entonces acudiremos a su rescate. Además, la Tierra puede hacer investigación y desarrollo interestelar y proceder al ritmo que elijan. Podríamos interactuar con la Tierra cuando realmente están participando en viajes interestelares bajo su control. ¿Cuál es tu opinión, Niemand?

Niemand está de acuerdo: "Sí, este es un diseño de política adecuado consistente con otros planetas que tienen bajo la lista de vigilancia IMG. Sin embargo, ¿sabes que esta experiencia probablemente impulsará a la Tierra a aumentar la investigación en viajes espaciales?

—Probablemente sí. Hemos terminado por ahora. Déjame saber cómo va la reunión cuando regreses a la Tierra".

William, Lilly, Daniel y Wanda están haciendo ejercicio en la sala de ejercicios.

"¿Sabes que vamos a ser interrogados en el IMG sobre nuestro viaje al Planeta Feo cuando regresemos a Génesis?" Daniel habla al grupo. —¿Qué te parece?

"Esta misión fue más complicada que mi anterior visita a la Tierra", comenta Wanda. "Pero, cualquiera de quien puedas alejarte es un buen resultado. Estaré encantado de volver a la rutina normal de la oficina de IMG. ¿Y tú, Lily? Cuál es la reacción probable en el gobierno".

Lily señala: "Creo que no ocurrió ninguna catástrofe que pusiera en peligro a Consortium67. Por lo tanto, el gobierno estará satisfecho de ver que esta misión simplemente va y viene sin repercusiones futuras".

William relata: "Estaba en la cubierta del hangar revisando el vehículo de transporte. Mientras pasaba por delante de la habitación de Jack, vi que su puerta estaba abierta y que no había nada de su equipo. Creo que él y Julie han estado encerrados en su camarote. Parece que hay una relación futura que se benefició de este viaje".

Lily termina la discusión con: "Nunca pensé que diría esto. Pero he apreciado estar con mi gato todas las noches. Lo echaré de menos cuando volvamos a Consortium67".

De vuelta en la Tierra

Una vez de vuelta en la órbita de la Tierra, Niemand envía un correo electrónico al director de la CIA para otra reunión virtual de satélites a las 3:00 p.m. Farnsworth se conecta.

Niemand lo saluda: "Buenas tardes. Estamos de vuelta. ¿Podemos aterrizar nuestro servicio de transporte esta noche a las 11:00 p.m. después del anochecer en la ubicación de Camp David? Entonces puedes recoger a tus observadores. Esperamos que mañana pueda ver el informe de los observadores con todas las personas adecuadas. Entonces, ¿podríamos programar otra reunión satelital mañana por la tarde a las 4:00 PM para establecer una conferencia telefónica sobre la futura cooperación entre la Tierra y el Consorcio67? Esperemos que tenga tiempo suficiente para resolver su posición antes de nuestra reunión. Asegúrese de tener listas las computadoras de todos los participantes de la reunión que deseen conexiones remotas".

"Está bien", dice Farnsworth, "esperamos ver a los observadores esta noche. Definitivamente veremos su presentación mañana por la mañana. Veré quién está disponible y si esa tarde es un buen momento para la conferencia telefónica con usted. Estaremos interesados en sus objetivos, y estoy seguro de que identificaremos nuestros propios deseos prospectivos".

Julie y Jack se despiden de la tripulación del Consorcio67 en la nave espacial. Jack proclama: "Han sido unos anfitriones maravillosos, y el viaje ha sido una experiencia fantástica".

El equipo del Consorcio67 saluda a los terrícolas. Luego, los terrícolas abordan una lanzadera. El transbordador parte de la nave espacial y transita hacia la Tierra.

A las 11:00 p.m., el transbordador Consortium67 aparece justo encima de los terrenos de Camp David. Se asienta en el lugar que se ha utilizado anteriormente. La puerta se abre. Jack y Julie salen. Jack se detiene en la puerta y le dice a Niemand: "Gracias, por dejarnos hacer el viaje interestelar. Fue una gran experiencia".

"Habéis sido bienvenidos en nuestra nave espacial. Espero que su informe sea bien recibido", responde Niemand con sinceridad.

La lanzadera Consortium67 despega y desaparece en la noche. El transbordador y la nave espacial se encuentran, y Kerwell lo coloca en modo sigiloso orbitando la Tierra.

Jack y Julie se dirigen a Farnsworth, quien dice: "Me alegro de verte de vuelta. Mañana por la mañana tendremos una presentación suya. Por ahora, entra en ese edificio y duerme bien por la noche".

Capítulo 20: Encuentros con la Tierra

"Por necesidad, por proclividad y por deleite, todos citamos".

Ralph Waldo Emerson

Yo Por la mañana, Jack y Julie se despiertan completamente energizados por su viaje interestelar. Llaman a Farnsworth alrededor de las 8:00 a.m. al número que les dio. Jack dice: "Estamos listos para darte un espectáculo y contarte sobre nuestra misión".

Alrededor de las 9:00 a.m., Farnsworth revisa la presentación de diapositivas de Planet Ugly con Jack y Julie. Les felicita: "Es un trabajo bien hecho. Por favor, acompáñenme mientras organizo una reunión en la Casa Blanca esta tarde con el mismo personal que estuvo en la discusión antes de que usted fuera a la misión".

En ese momento, Farnsworth llama al vicepresidente Jim Browning para programar reuniones por la tarde y le dice: "Definitivamente vas a querer ver a Jack y Julie presentar sus experiencias interestelares en la Casa Blanca hoy. ¿Qué tal esta tarde a las 2:00 PM?"

El vicepresidente responde: "Ok, y trataré de alinear a otros participantes. Estoy de acuerdo en que tengamos el mismo grupo que tuvimos la última vez. Estaban la secretaria de Estado, Mary Redding, y el jefe del Estado Mayor de las Fuerzas Armadas, Rory Johnson."

2:00 PM Reunión

A las 14:00 horas, Jack Barrow y Julie Stone se presentan y lanzan su presentación ante los cuatro altos funcionarios del gobierno: Farnsworth, Redding, Johnson y Browning, en una sala de conferencias de la Casa Blanca.

Julie comienza con: "Decidimos contar nuestra experiencia interestelar como una noticia. Tiene nuestra presentación de diapositivas en sus computadoras portátiles para que pueda desplazarse por los detalles mientras presentamos. También hay una escritura en un archivo, que puede considerarse un folleto. En última instancia, pensamos que los atributos clave de las noticias de 'quién, qué, cuándo y dónde' son importantes para que todas las audiencias en el futuro aprecien nuestra experiencia interestelar".

"Hablando de hablar con el público". Jack interviene: "También tuvimos en cuenta las audiencias potenciales en el futuro. Hoy les presentamos al gobierno como audiencia. En el futuro, el público en general es un público potencial. Así que tenlo en cuenta".

Farnsworth interviene: "Usted plantea un tema importante sobre los visitantes del Consorcio67. Nos aseguraremos de discutir las ramificaciones de la divulgación pública".

Y sin que nadie lo sepa, el presidente observa la reunión de forma remota desde el Despacho Oval. Durante la introducción de la presentación, el presidente Rosewell está satisfecho con la forma en que se está llevando a cabo y con el hecho de que sus elegidos, Jack y Julie, están haciendo algo en lo que él debería participar. Aparece inmediatamente en la sala de conferencias.

Jack dice: "Bienvenido, Sr. Presidente".

"Estaba viendo esta reunión de forma remota desde el Despacho Oval y debo decir que me gustó su presentación y decidí unirme a la discusión de la 'noticia'", felicita el presidente a Jack y Julie.

"Primero, cubramos el 'quién' en esta historia", dice Julie. "Soy Julie Barrow, y la otra persona a mi lado es Jack Stone. Formamos parte del personal de la Casa Blanca y trabajamos como asesores para las actividades espaciales y científicas de Estados Unidos. El presidente Rosewell nos encargó que hiciéramos un viaje interestelar con los alienígenas del Consorcio 67 porque hemos hecho entrenamiento de astronautas".

Rosewell asiente con la cabeza en señal de reconocimiento.

"Los alienígenas del Consorcio67 son el 'quién' del espacio exterior. Había seis alienígenas del Consorcio67 en una nave espacial interestelar que estaba visitando la Tierra. Niemand estaba a cargo de la misión IMG. Es un líder poderoso que es efectivo, constructivo y comprensivo con las situaciones. Su plan era que hiciéramos un viaje interestelar al Planeta Feo y observáramos a los alienígenas del Mundo del Pantano con el propósito de controlar a los nativos. El alienígena del Consorcio67 Kerwell capitaneaba la nave espacial IMG. Creo que hizo un buen trabajo. Nunca notamos ninguna transición incómoda de la Tierra a un modo interestelar a una órbita alrededor del planeta Ugly. De hecho, nunca estuvimos en ninguna habitación de naves espaciales que tuviera ventanas. Las pantallas de vídeo de nuestros camarotes tampoco mostraban ninguna vista externa, que era la política de Niemand de minimizar el conocimiento del vehículo de IMG para cualquier desarrollo futuro de viajes interestelares en la Tierra. Dijo que estaríamos solos en ese sentido.

"Bajo el mando de Niemand, había un equipo de IMG formado por Daniel, Lilly, Wanda y William. Daniel y Wanda nos guiaron en el planeta Ugly para nuestro reconocimiento. Todos parecían competentes e interactuaron de manera amistosa con nosotros. El capitán Kerwell era su piloto. Hablamos brevemente con él en la nave espacial sobre los problemas de los pilotos. Kerwell sugirió que las cabinas de nuestras naves espaciales se verían similares a las suyas, pero nunca vimos una cabina IMG real. Había una condición de que no obtuviéramos información sobre la nave espacial interestelar".

"Además, una vez vimos a uno de sus gatos visitar la cafetería para comer. Parecía actuar de manera inteligente con respecto a las máquinas de alimentos".

"Durante el viaje espacial, vimos al personal de IMG en los pasillos, en varias reuniones y en Planet Ugly. Son de tamaño humano y son lagartos. Farnsworth nos dijo: 'Ya saben cómo se ven porque uno de ellos cambió de forma a lagarto en una de las conferencias en la Tierra'".

Mary pregunta: "¿Los viste en su estado natural en la nave espacial?"

Julie responde: "No, siempre fueron transformados en forma humana en nuestra presencia. Se expresó que los humanos considerarán las características del Consorcio67 como las de los depredadores. También puedo decir que su inglés tendía a ser artificial. Podía entenderlos, pero era como hablar con un traductor informático".

Jack está de acuerdo: "Pensé que parecía haber un poco de retraso en nuestra comunicación, que es la razón por la que también creo que estaban usando algún tipo de traductores de lenguaje automático".

"Ahora vamos a mover el tema del 'qué'", dice Julie. "Estábamos en una misión de 10 días a otro planeta para investigar el comportamiento de un enemigo del Consorcio 67. Ese enemigo Mundo del Pantano había subyugado al Planeta Feo, y debíamos reunir pruebas sobre su comportamiento. El viaje y el aterrizaje en el planeta fueron en modo sigiloso. Solo estuvimos en el planeta Feo durante el transcurso de un día. Cuando estábamos en el suelo, Julie y yo llevábamos una capa del Consorcio67 que nos hacía parecer invisibles".

Rory interrumpe: "¿Tenías la capa de invisibilidad ahora? Sería un arma militar increíble".

Julie dice: "No, solo usamos la capa mientras estábamos en el Planeta Feo observando a los alienígenas del Mundo del Pantano. El personal del Consorcio67 nos colocó las capas del planeta y se las devolvió cuando terminamos de tomar fotografías".

Rory afirma: "Entonces, supongo que tampoco tienes ninguna información técnica sobre el material".

Julie dice: "Lo único que puedo decirte es que no era muy pesado. También fue espeluznante buscar a los otros miembros del equipo y no verlos, a pesar de que sabía que estaban allí a mi lado".

Julie describe la experiencia en el planeta Ugly: "Aterrizamos, caminamos a través del denso follaje, caminamos a través de una aldea diezmada de nativos y tomamos fotos de los alienígenas del Mundo del Pantano tratando a los nativos brutalmente como esclavos en un campo agrícola. Ahora, echa un vistazo al video de Planet Ugly".

Jack ejecuta el video. Las personas en la sala de conferencias ocasionalmente expresaron conmoción y horror ante las imágenes de las imágenes.

Tras el video, la vicepresidenta expresa su disgusto por el comportamiento en Planet Ugly: "Eso fue malo. No queremos que algo así suceda en nuestro planeta".

"Con respecto al 'cuándo' de la historia, nos fuimos hace unos 10 días y acabamos de regresar ayer. Este es un evento reciente", afirma Julie.

"En cuanto al 'dónde'", dice Julie, "no puedo decírtelo porque no obtuvimos una ubicación del Consorcio67 y no se nos permitió ver cómo funcionaba su nave. Si bien el viaje duró 5 días al planeta Feo, no tengo idea de qué tan rápido viajamos, por lo que no tengo idea de qué tan lejos está el Planeta Feo. La visita planetaria fue solo durante el día, por lo que no obtuvimos imágenes del cielo nocturno que indicaran siquiera en qué galaxia estábamos".

Jack también señala: "Consortium67 no quería decirnos nada sobre la nave espacial. Debido a que no vimos el exterior a través de las ventanas en ningún momento, no sentí físicamente los efectos de la aceleración mientras estaba en la nave espacial. Mi presunción es que la Tierra tendrá que desarrollar su propia nave espacial interestelar, porque no es probable que obtengamos ninguna información sobre este tipo de viajes del Consorcio67. Esa será una oportunidad y una responsabilidad de la Tierra en el futuro. Sin embargo, no tenemos información sobre ninguna unidad de deformación espacio-temporal. Se dejó claro que su IMG solo interactuó con nosotros debido a la preocupación de que su enemigo Mundo del Pantano se aprovechara de la Tierra contra el Consorcio67.

Julie termina el programa: "¿Alguien tiene preguntas para Jack o para mí?"

Hay un momento de silencio. Julie contesta: "Al no ver preguntas, Jack y yo saldremos de esta reunión. Quiero decir que hacer viajes interestelares fue probablemente la experiencia más fantástica de mi vida".

Jack colabora: "También tuve una buena experiencia única en la vida. A partir de lo sucedido, espero que podamos generar una relación positiva con Consortium67 en el futuro. Cada uno de ellos era capaz de hacer sus tareas, y eran sociables. Si necesitas ayuda mía o de Julie, no dudes en preguntar".

El presidente les dice a Jack y Julie: "El contenido de esta reunión y la presentación de diapositivas son de alto secreto. No debes discutir nada de eso hasta que se te dé permiso". Y salen de la habitación.

El presidente toma el relevo: "Tenemos una reunión que está programada para las 16:00 horas con el Consorcio67. En este momento, tenemos que ordenar nuestra posición y nuestros objetivos. Personalmente, creo que deberíamos invitar al Consorcio67 a establecer una embajada en Washington, DC y crear un tratado de defensa mutua".

Rosewell piensa para sí mismo: *Esta proposición es un punto de inflexión clave en la historia que me gustaría hacer.*

John Farnsworth responde: "Todavía no estoy seguro de aceptar las relaciones diplomáticas del Consorcio67 de un evento de viaje interestelar. Realmente no sabemos nada sobre la situación interestelar, excepto este encuentro. ¿Qué están haciendo otros planetas además del que acabamos de ver en la presentación? No tenemos ni idea de cómo es realmente la red planetaria del Consorcio67 y solo tenemos un conocimiento limitado de su cultura. Podría haber ventajas y desventajas al tomar decisiones con información incompleta. También me preocupa crear un pánico mundial en la Tierra al anunciar un contacto interestelar. Por lo tanto, tal vez deberíamos mantener este encuentro interestelar en silencio por el momento".

El secretario de Estado Redding interviene: "Incluso a nuestros mejores aliados no les gustaría sorprenderse de que tomáramos el contacto inicial sin informarles".

Rory Johnson ofrece otro punto: "Podría haber consecuencias militares en el Mundo del Pantano en el futuro inmediato o cercano por el anuncio público del establecimiento de una embajada del Consorcio67 en la Tierra".

Al escuchar a los otros funcionarios, el presidente está de acuerdo: "Ok, bajemos el tono y veamos cómo va en el futuro previsible. Y deberíamos escuchar lo que Consortium67 tiene para ofrecer a las 4:00 PM. Todos nosotros debemos participar. Relájate un minuto".

4:00 PM Reunión

Consortium67 envía por correo electrónico una invitación para unirse a una reunión virtual a Farnsworth, quien lo menciona en una computadora con una pantalla grande en una sala de conferencias de la Casa Blanca. Todos los participantes están presentes en la reciente reunión de las 2:00 p.m., excepto Jack y Julie. El presidente es designado como orador en la lista de participantes del programa de comunicaciones.

Niemand saluda a todos: "Hola, soy Niemand de Consortium67. Quiero hablar de las relaciones interestelares entre la Tierra y mi planeta. Estamos teniendo nuestro encuentro de "primer contacto" con la Tierra, y no ha sucedido de la manera en que suele suceder con el Consorcio67. Por lo general, no interponemos de la manera en que lo hicimos, porque generalmente queremos establecer respeto con el otro mundo, y eso significa que el otro mundo está operando desde una condición de información completa. Este principio generalmente significa que esperamos hasta que el mundo opuesto esté haciendo viajes interestelares y haya podido evaluar el paisaje intergaláctico. ¿Tiene sentido para usted la situación actual y nuestra política general?

El presidente de Estados Unidos dice: "Sí, eso suena razonable. ¿Y podría dar algunos detalles de su perspectiva sobre nuestra situación actual?

Niemand responde: "Sugeriremos dos caminos básicos que se pueden tomar. Una vía es que mantengamos el secreto hasta que se desarrollen los viajes interestelares. El otro paso es que usted y/o nosotros podamos anunciar públicamente la existencia de Consortium67 con una conferencia de prensa. Cada enfoque tiene ventajas y desventajas".

Niemand se detiene con: "Nos guste o no, el espionaje de Swamp World nos llevó a donde estamos hoy. Ha sido un salto rápido a las relaciones interestelares. ¿Qué quieres hacer ahora?"

El presidente Rosewell dijo: "Hoy tuvimos conversaciones sobre los términos de nuestra participación y las direcciones futuras. El consenso es que tomaremos la opción del secreto y, con suerte, tendremos oportunidades para un compromiso futuro según lo consideremos apropiado".

"Consortium67 se siente cómodo con su decisión. Ahora, ¿qué quieres hacer con el Mundo del Pantano que estás sosteniendo?"

El presidente Rosewell se sorprende un poco y dice: "¿Cómo lo sabe usted y qué sugeriría?".

"Fueron nuestros gatos los que quitaron la capa de sigilo del Mundo del Pantano al estar en la Casa Blanca", admite Niemand. Luego ofrece: "Consortium67 podría quitarte al prisionero de las manos y eliminar una fuente de posible fuga de información sobre los extraterrestres en el planeta Tierra".

"En lo que respecta a la comunicación futura; podemos usar a nuestros gatos Maine Coon, George y Sally, como enlaces", propone Niemand. "Los gatos podrían quedarse en la residencia del Observatorio Uno del Vicepresidente. Si necesita comunicarse con Consortium67, simplemente les mostraría un cartel. Los gatos reenviarán la solicitud a través de una red de comunicación. George y Sally serían "animales de exhibición" como ese gato en el edificio del primer ministro en el número 10 de Downing Street en Londres, Inglaterra. ¿Qué te parece?

El presidente Rosewell responde: "Valdría la pena intentarlo. Y sí, puedes tener al alienígena del Mundo del Pantano que solo nos va a causar problemas".

El director de la CIA, Farnsworth, está de acuerdo: "Estoy de acuerdo porque no veo que ese espía nos haga ningún bien en cautiverio. Mañana por la noche, podemos cargar al alienígena de Swamp World en una camioneta en la prisión y llevarlo a la ubicación de Camp David donde hemos tenido nuestras reuniones anteriores. Nos vemos a las 23:00 horas. Tendremos agentes que estacionarán una jaula fuera de la camioneta en el lugar de aterrizaje. Luego, puedes hacer que un transbordador del Consorcio67 aterrice, y tu equipo puede llevar al alienígena de la camioneta al transbordador".

Niemand dice: "Ok, organizaré el traslado del alienígena. Si no hay nada más, consideraremos este debate como un acuerdo verbal en el futuro previsible. No vamos a crear ningún tratado escrito en este momento".

El presidente Rosewell termina con: "Adiós y buen viaje".

"Saludos, y espero que tengamos un buen futuro", responde Niemand.

Después de su presentación, Jack y Julie van a su edificio de oficinas, donde ven sus escritorios llenos de memorandos y papeleo. Ambos escanean sus listas de correo electrónico, que están completamente cargadas. Jack va a la oficina de Julie y dice: "Esto puede esperar. Vamos a casarnos".

Julie dice: "Acepto tu propuesta". Se toca la cabeza con la de Jack y susurra: "Me pregunto cuál sería el resultado del gobierno de Estados Unidos".

Jack responde: "Si no escuchamos nada, entonces sabrás que el gobierno ha decidido mantener el secreto, al menos por el momento. Si escuchas algo, entonces todo el mundo sabrá sobre Consortium67".

Se casan al día siguiente. Todo el mundo piensa que su acoplamiento explica su ausencia durante las dos semanas anteriores.

Actividades posteriores a la reunión

A la mañana siguiente, Niemand se dirige a William y Lilly: "Tome un autobús con los gatos George y Sally a Washington D.C. Cuando aterrices, coloca a los gatos en mochilas y pon las jaulas veterinarias en las bicicletas. Luego, viaja a la residencia del vicepresidente. He colocado un marcador de su casa en sus localizadores GPS. Cuando llegues allí, carga a los gatos en las jaulas. Vayan a la entrada principal y anúncianse. Los agentes del servicio secreto te estarán esperando y llevarán a los gatos adentro.

Y Niemand da órdenes a los gatos: "Capturad la imagen de cualquier cartel y reenviadla por Internet para la comunicación por satélite. Al menos una vez al mes, nuestros agentes de la Tierra se comunicarán para ver si está bien y si tiene algún informe. Cuídense".

Los gatos dan un maullido por ok.

William pilotea un transbordador en un parque cerca de la residencia del vicepresidente. Meten a los gatos en sus mochilas y en su moto hasta la residencia del vicepresidente, el Observatorio Uno, donde los cargan en jaulas. William saluda a los guardias del servicio secreto en la entrada: "Hola, estamos dejando a estos gatos Maine Coon según un acuerdo entre nosotros y el vicepresidente. El macho es George y la hembra es Sally. Tienen collares con sus nombres". A los gatos, William y Lily les dicen: "Cuídense ahora".

Dos agentes del servicio secreto recogen las jaulas y las llevan dentro. Una de las habitaciones libres está configurada como una sala de estar para gatos con árboles trepadores, postes para rascar, platos de comida, etc. Los gatos están contentos y maúllan.

William y Lilly regresan en motocicleta a su transbordador y transitan a la nave espacial.

Por la noche, de vuelta en la nave espacial, Niemand les dice a Daniel y Wanda: "Vayan a buscar a ese espía del Mundo del Pantano. Lo tranquilizará y lo transportará a través de la lanzadera. Estableceré un área de contención en la nave espacial".

Según las instrucciones, Daniel toma un transbordador a la ubicación de Camp David por la noche. Luego, Daniel y Wanda cambian de forma y salen del transbordador. Consortium67 no quiere tener una exhibición pública de su transbordador, y las autoridades estadounidenses están de acuerdo. Encuentran la furgoneta, que tiene una jaula en la parte trasera con el espía de Swamp World. Un guardia le da las llaves a Wanda. David mete una pistola paralizante a través de la jaula y dispara al alienígena, que cae al suelo. Wanda abre la jaula. Daniel y Wanda atan los apéndices del espía del Mundo del Pantano con un alambre grueso y lo llevan a la lanzadera. Wanda dice: "Gracias" al guardia y le devuelve las llaves. Daniel despega y regresa a la nave espacial Consortium67. Luego, descargan el espía de Swamp World en un área de contención que se creó en la nave espacial. A continuación, Daniel cierra el área de contención con la huella de una mano y cubre la jaula.

A continuación, el Capitán Kerwell inicia el viaje de regreso de la nave espacial al planeta Consorcio67.

Capítulo 21:Regreso al Consorcio67

"Ningún hombre es lo suficientemente bueno para gobernar a otro hombre sin el consentimiento de ese otro".

Abraham Lincoln

Viaje interestelar

TAl día siguiente, después de dejar la Tierra en el viaje de regreso a Génesis, Niemand convoca una reunión de equipo en la sala de conferencias de la nave espacial y comienza con: "Bueno, en su opinión, ¿cómo fue la experiencia del primer contacto entre el Consorcio67 y el planeta Tierra?"

Daniel comienza: "Tal vez no fue el mejor resultado, pero tampoco fue el peor resultado posible".

Wanda comenta: "No me gustó cambiar de forma durante tanto tiempo. Sin embargo, dada la potencial y probable reacción de paranoia de la Tierra en todo el mundo hacia nosotros, es probable que el cambio de forma sea la mejor alternativa para Consortium67 IMG en un futuro cercano para cualquier interacción con el planeta Tierra".

Lilly colabora: "Creo que las interacciones fueron bien y me respetaron. No era tan difícil llevarse bien con los terrícolas Jack y Julie. En particular, estos observadores estadounidenses que fueron a Planet Ugly fueron diplomáticos. Sin embargo, en general, la Tierra probablemente no encajaría muy bien con otras culturas de la galaxia, incluida la nuestra. A menos que alguien tenga otras ideas, voy a usar el resto del viaje a casa para escribir mi informe de auditoría".

Niemand interviene: "Para su información, la nave espacial está monitoreando las comunicaciones de la Tierra. Hubo un anuncio de matrimonio de Jack y Julie". Todos sonrieron al escuchar la noticia.

William comenta: "Los gatos hicieron un gran trabajo. En el lado negativo, la Tierra no será uno de los principales lugares turísticos de la galaxia, en mi opinión, para Consortium67. Los dispositivos de cambio de forma y traducción pueden funcionar, pero ningún turista de nuestra parte del universo querrá hacerlos durante un período prolongado de tiempo. Los parques escénicos son una opción, pero las ciudades no se van a acomodar".

Herman dice a través de su computadora orgánica a los oradores de la sala: "Gracias por el cumplido del gato. Era difícil conseguir información en el cuartel general de la CIA. No había mucho a la vista sobre los ovnis".

Matilda está de acuerdo con su computadora orgánica: "También tuvimos dificultades en la Casa Blanca para obtener datos. La telepatía mental de nuestro tipo de gatos a los humanos no será fácil".

Niemand piensa para sí mismo: *Es la primera vez que escucho hablar de un gato en una reunión. Estoy impresionado y buscaré fomentar una mejor relación con ellos en el futuro.*

Niemand opina: "Estoy de acuerdo en que el turismo de la Tierra no parece una buena opción en un futuro próximo. Tampoco vi ninguna ventaja comparativa para la Tierra en términos de otros bienes comerciales interestelares".

William pregunta: "De todos modos, ¿qué llevó a Swamp World a hacer un viaje de espionaje a la Tierra? ¿Hemos sacado algo de ese espía a bordo?

Niemand responde: "Gaseé a nuestro pasajero de Swamp World con óxido nitroso para ver si podía obtener algo sobre ese tema".

Daniel comenta: "¿Funcionó?"

Niemand responde: "Oh, sí. Era el gas de la risa para él y lo llevó del silencio extremo a un estado en el que no se callaba. Afortunadamente, el agente no se comunicó con su nave espacial, lo que significa que no se envió ningún mensaje a Swamp World. Por lo tanto, existe una alta probabilidad de que la sede de Swamp World descarte a la Tierra como un lugar altamente riesgoso para cualquier esfuerzo futuro porque una de sus naves desapareció durante la exploración.

Herman interviene de nuevo: "Dada la estrategia del silencio hasta que la Tierra desarrolle viajes interestelares, existe la posibilidad de una buena relación futura entre el Consorcio67 y la Tierra".

Niemand señala: "Por cierto, el alienígena del Mundo del Pantano odia nuestro menú de comida, y recibí varias sugerencias alternativas. No creía que la Tierra tuviera plantas o animales biológicos interesantes para el consumo del Mundo de los Pantanos. Sin embargo, consideró que los aspectos humanos agresivos tenían el potencial de ser aprovechados en conflictos interestelares. Esa fue quizás una de las razones de la visita de espionaje del Mundo del Pantano. Monitorean las comunicaciones en otros sistemas solares de manera muy parecida a como lo hacemos nosotros".

Wanda suelta: "Tal vez ver Worldwide Wrestling y el juego de lucha en streaming excitó a los agentes de Swamp World".

Niemand concluye: "No estoy tan seguro de que el agente de Swamp World o la tripulación de su nave espacial pasaran tanto tiempo viendo eventos en streaming. A menos que alguien tenga otros comentarios, esta reunión ha terminado".

Después de la reunión, Lilly va a su camarote para escribir su informe de auditoría. Abre un archivo de procesador de textos en su teléfono inteligente titulado *"Auditoría de la misión IMG al planeta Tierra"*. Esta no es la primera auditoría de operaciones de Lilly. Repasa la historia de la misión. Su propósito es describir la eficiencia y eficacia de la actividad de IMG, que califica como una de las cinco mejores de una escala de cinco estrellas. Todo se llevó a cabo en tiempo y forma. La preocupación de usar gatos con implantes cyborg parece ser injustificada. El proyecto del gato modificado fue la razón por la que Lilly fue puesta en la misión en primer lugar. El gobierno del Consorcio67 tuvo una guerra previa con los cyborgs en el Planeta 500 y no quería que los seres artificialmente inteligentes se salieran de control. Lilly señala que los gatos modificados hicieron un buen trabajo de espionaje, y dos de ellos fueron dejados en la Tierra como intermediarios para futuras comunicaciones. El evento sorpresa de la aparición del agente del Mundo del Pantano en la Tierra fue abordado con una improvisación apropiada. Hubo un viaje adicional al Planeta Feo, que parece haber demostrado a los funcionarios de la Tierra que el Mundo del Pantano es un mal personaje. Por lo tanto, las interacciones futuras con la Tierra parecen estar bien, si no es que tardan en ocurrir.

Matilda siente que Lilly ha escrito su informe, y es físicamente exigente. Lilly recibe una visita de rescate de animales en su regazo. Matilda comienza a ronronear y Lilly la acaricia.

Lilly le dice a Matilda: "Realmente sabes cómo hacerme sentir bien. Te echaré de menos en Génesis".

Después de completar su informe de auditoría, Lilly lo envía a su supervisor en la sede del gobierno. Aproximadamente un día después, su supervisor le comunica que su informe es aceptable y espera discutir los detalles en persona cuando regrese la nave espacial.

Para el viaje de regreso restante al Consorcio 67, el IMG tiene unas vacaciones en las que practican deportes y pasan noches interesantes viendo películas de la Tierra.

De vuelta en Consorcio67

El Capitán Kerwell estaciona la nave en su puerto espacial en el Consorcio67. A continuación, el equipo transporta al espía del Mundo del Pantano a la prisión y lo coloca en confinamiento solitario. Luego, el equipo se dirige a la sede de IMG. Herman y Matilda son metidos en mochilas. Todos, incluidos los gatos, pasan el examen físico estándar, lo que indica que no se vieron comprometidos por las circunstancias físicas y/o biológicas de los terrícolas. Después del examen, deben reunirse con Sybart en una sala de conferencias en la sede de IMG. Se presentan a la sesión informativa. Todos se miran con interrogación.

Daniel les dice a los miembros del equipo: "¿Qué van a hacer ahora?"

Lily responde: "Voy a presentar un informe de auditoría para mi unidad de gobierno. Después de esta experiencia fuera del mundo, no anticipo otra expedición interestelar hasta dentro de bastante tiempo".

Wanda indica: "Estaré en mi puesto en el IMG. Si alguien quiere comunicarse conmigo, entonces ya sabe dónde estoy".

William se expresa: "Supongo que volveré a la fuerza espacial. Hoy recibí mis pedidos en mi teléfono inteligente. ¿Y tú, Daniel?

Daniel responde: "Sí, probablemente te veré, William, por el campamento de la fuerza espacial, y ahora veo que Niemand nos está indicando para que nos reunamos con Sybart".

Niemand abre la puerta de la conferencia y les hace pasar. Cierra la puerta para que sepan que la discusión será privada.

Sybart se dirige al grupo: "He leído el informe de su misión. Hiciste un buen trabajo. Sus credenciales recibirán calificaciones de estrellas. El IMG ha decidido recomendar que cada uno de ustedes obtenga un ascenso en el rango. Para su información, en este punto, el liderazgo del Consorcio 67 ha decidido monitorear rutinariamente solo las actividades (incluidos los informes de gatos) en la Tierra en busca de otras interferencias alienígenas. No se establecerán relaciones diplomáticas con la Tierra en un futuro próximo. El planeta Tierra debe desarrollar sus propios viajes interestelares y mantener la independencia de acuerdo con nuestra política general. Nuestro escaneo de inteligencia más reciente de la Tierra ha sido notablemente silencioso sobre cualquier actividad extraterrestre. Por lo tanto, el gobierno de EE.UU. está cumpliendo con su parte del trato, y nuestra interacción con ellos seguirá siendo un secreto entre nosotros. Solo cuando las circunstancias excepcionales lo requieran, se encargará al Consorcio67 otra misión a la Tierra. Que tengas un buen día".

Niemand reconoce a Sybart: "Gracias".

Niemand entonces se vuelve hacia los gatos y les dice: "¿Quieren venir a casa conmigo?" Herman y Matilda maúllan, sí.

Niemand se dirige a todos: "Vale, tendremos que hacer una parada en una tienda de comestibles para conseguir comida para los gatos. También visitaremos la tienda general local para obtener materiales para hacer otros artículos para los gatos. Todo el mundo está invitado porque conoces muy bien a los gatos, y después, cenaremos en un restaurante de cinco estrellas que corre por mi cuenta. Cargue a los gatos en mochilas y vámonos".

Matilda y Herman saltan en sus mochilas. Lilly y Wanda recogen a los gatos y se dirigen a la tienda de mascotas.

En la tienda de comestibles, Niemand pide ayuda: "¿Qué deberían tener los gatos?"

"La comida es una necesidad. Les gusta la carne seca", responde Daniel.

Lilly recibe algunas de las bolsas de comida sugeridas. Tienen el mismo contenido nutricional que se utilizó en la misión interestelar.

En la tienda general, Niemand vuelve a sondear al grupo sobre los artículos para los gatos.

Daniel responde: "Deberían tener un plato para la comida y otro para el agua. Mira a lo largo de la pared. Hay varios tipos".

Niemand parece desconcertado y se pregunta: "¿Cuáles?"

Debido a que Daniel era un manipulador, selecciona un plato de comida y un plato de agua.

William señala las sillas de madera: "Mira esta. Es un tamaño apropiado para estos dos gatos adultos y podría ser una almohadilla para rascar para el mantenimiento de las garras".

Niemand le dice a William: "Bien, toma ese. Y elige una manta gruesa para que duerman".

Wanda interviene: "Necesitarás una caja de arena. Ese es similar al que usaron en la nave espacial".

Niemand señala: "Está bien, Wanda, consíguelo".

Mientras salen, Lily ve algunos juguetes. Le dice a Niemand: "Necesitas conseguir algunos juguetes para mantener a los gatos sanos y bien ejercitados".

Niemand responde: "Sí. Lily, conoces a tu gato. Elige algunos juguetes que les gusten a los gatos. Y no te olvides de la comida. Esa marca en el pasillo es lo que han estado comiendo".

William lleva la silla a la caja. Niemand procede a la caja y paga las compras. Luego, la procesión lo sigue hasta la puerta para ir a la residencia del Consorcio67 de Niemand.

En la casa de Niemand, dirige a todos al piso de arriba a una de las habitaciones. Niemand dice: "Este es un lugar perfecto para los gatos. Vamos a equipar la habitación. Hay una bonita vista del patio trasero. Pon la silla en esa esquina junto a la ventana. Coloca la manta sobre la cama. Hay un baño separado. Colocaremos allí los platos de agua y comida. La caja de arena para gatos puede ir en la ducha".

Todo el mundo pone los objetos de los gatos donde Niemand les indicó.

Niemand señala: "Tengo una cosa más que configurar. Los gatos podrán hablar en la pantalla grande en esa pared". Dirige su teléfono inteligente para permitir que la computadora de la habitación se comunique con los gatos. Niemand cierra la puerta y dice: "Puedes dejar salir a los gatos". Les pregunta a Herman y Matilda: "¿Cómo se ve su nueva morada?"

Herman y Matilda caminan por la habitación y olfatean las instalaciones para gatos. Herman se conecta a la computadora de la sala y expresa su agradecimiento: "Todo está bien". Y Matilde da un gran maullido.

El equipo de IMG aplaude a Niemand: "¡Buen trabajo!"

Niemand se vuelve hacia Lilly y le dice: "Sabía que extrañarías a tu gato. Y así puedes llamar aquí y visitar. Tu cara aparecerá en la pantalla. Comunícate con Matilda en la computadora para que sepa que eres tú. Dirígela a la cámara montada al lado de la pantalla y podrás ver a Matilda.

Lilly da una expresión emocionada: "¡Muchas gracias!"

Con eso, Niemand proclama: "Hagamos una cena de celebración. Vamos al restaurante Astro Gourmet. Llamaré con anticipación para una mesa".

Kerwell se expresa: "Siempre he querido ir allí".

Al llegar, Niemand le pregunta al jefe de camareros: "¿Podríamos tener una habitación privada para este grupo? Creo que vamos a ser ruidosos".

El personal dice: "Lo que tenemos disponible es una mesa de balcón con vista a la ciudad".

Niemand responde: "Ok, no podría pedir nada mejor. Adelante".

Unos minutos más tarde, el equipo está sentado y ha pedido sus comidas con vino.

Después del primer plato, Niemand le habla a Lilly desde el otro lado de la mesa: "Deberías llamar a

Matilda a tu teléfono inteligente para ver si la comunicación funciona".

Lilly telefonea a Matilda. El gato responde: "¿Quién llama?"

Lilly sonríe y se identifica: "Soy yo, Lilly, tu compañera viajera espacial".

Matilda responde: "Hola".

Lilly muestra la foto de Matilda en el teléfono inteligente al resto del grupo, que saluda y dice: "Hola".

Lilly le dice a Matilda: "Espero hablar mucho contigo en el futuro. Adiós. Matilda y Lilly cuelgan.

Hablando con Niemand, Lilly dice: "Lo agradezco".

Las conversaciones del equipo de IMG continúan durante la cena, y todos comparten los aspectos más destacados de su misión entre sí. Cuando las cosas llegan a su fin, Wanda se levanta y ofrece un brindis: "¡A Niemand, que es un gran líder de IMG!".

Niemand continúa con un brindis: "¡Felicitaciones por su exitosa misión! Ha sido un placer trabajar con vosotros. ¡Que todos tengan un futuro maravilloso!".

Epílogo

Pasan todos los años desde el punto de contacto interestelar entre la Tierra y el Génesis del Consorcio67. Nadie en ninguno de los dos planetas promueve ninguna interacción. Durante este tiempo, Swamp World no vuelve a hacer otra visita a la Tierra. A los gatos les va bien. En Génesis, Herman y Matilda tienen gatitos, con los que Niemand disfruta jugando. Lilly consigue uno de los gatitos de Matilda. Ella y el gatito se comunican con Matilda por teléfono una vez a la semana. En la Tierra, George y Sally tienen una camada. Los gatitos son todos como sus padres con ojos violetas. IMG mantiene contacto periódico con los gatos en la Tierra y vigila para asegurarse de que el gobierno de los EE. UU. los trate adecuadamente. Jack y Julie continúan una feliz vida matrimonial con su hijo recién nacido. La vida sigue...

Fin

Made in the USA
Monee, IL
04 November 2026

67376801R00144